中國建築藝術全集 12

佛教建築（一）（北方）

中國美術分類全集

中國建築藝術全集編輯委員會 編

凡例

一　《中國建築藝術全集》共二十四卷，按建築類別、年代和地區編排，力求全面展示中國古代建築藝術的成就。

二　本書爲《中國建築藝術全集》第十二卷『佛教建築（一）（北方）』。

三　本書圖版按佛寺、佛塔、燃燈塔、經幢、石窟等分類，并按建造年代爲序編排，突出展現了長江以北地區具有代表性的漢傳佛教寺院立寺擇址、空間布局、建築形制、藝術造型、内外裝飾等佛教建築藝術的輝煌成就。

四　卷首載有論文《北方佛教建築藝術》，概要論述了佛教建築的地位、産生、發展、審美意義、藝術特徵、擇址創意、空間布局、建築形制及造型、裝飾。在其後的圖版部分共收入二一八幅照片，并在卷末圖版説明中對每幅照片均做了簡要文字説明。

目錄

論文

圖版

二〇八　第九窟前室佛龕……176
二〇九　第十二窟門楣細部雕飾……177
二一〇　第十三窟大像窟交脚彌勒菩薩像……176
二一一　第二十窟大像窟大佛像……177
二一二　龍門石窟……178
二一三　龍門石窟西山南部山崖窟室……179
二一四　龍門奉先寺……179
二一五　天龍山石窟……180
二一六　天龍山石窟第十窟……181
二一七　天龍山石窟第十六窟……181
二一八　濟南千佛山極樂洞石窟……182

北方佛教建築藝術

一、緒　論

宗教是人類社會發展到一定歷史階段而産生的一種社會現象。由于宗教信仰和弘傳的需要，宗教建築隨之而生。宗教建築融宗教理念與民族文化于一體，集技術、藝術創作之大成，成了人類歷史文化藝術瑰寶的重要組成部分。中國的佛教建築藝術閃爍著中華民族燦爛文化的光輝，并以其獨特的魅力，顯示出它在世界建築藝術發展史中崇高的地位。

（一）佛教建築在中國古代建築中的特殊地位

中國古代建築作爲一個獨特的體系形成于漢朝。這一時期，中國封建社會出現了政治、經濟、文化以至建築方面的第一個高潮。建築被視爲『天子』『威四海』的精神統治工具，開始融入儒家禮制和宗教文化。古代帝王利用這種政治文化背景，藉助迅速發展起來的建築技術，在大興土木修建宮室和住宅的同時，極力崇奉佛教，不斷推動佛教建築活動。從中國第一所佛教寺院産生時起，包括佛寺、佛塔、經幢和石窟寺在内的佛教建築就成爲中國古代建築的主要内容之一，受到歷代帝王的重視和推崇，在中國古代建築中始終占居著特殊重要的地位。佛教建築在等級上雖然不及宮殿建築，然而在建築規模和建築藝術上却有過之而無不及，不僅數量、規模和材料可與宮殿建築媲美，而且綜合了多種造型藝術手段，較之宮殿建築具有更加廣泛、深厚的文化内涵和更加珍貴的審美價值。

中國古代建築以木構架結構爲主要結構方式，其中用以承托梁頭、枋頭和出檐重量的斗栱既有結構功能，又有裝飾作用。早在漢代時成組斗栱就已經大量用于重要建築，然而，由于等級制度森嚴，對于斗栱的使用有著嚴格的限制，祇有宮殿、佛寺及其他高級建築纔允許使用斗栱。在這裏，佛教建築與宮殿建築享用了同樣的殊榮，而且使用斗栱建造的佛教建築范圍之廣、數量之多足以令人驚嘆。

中國興建佛教建築的高峰在南北朝和隋唐時期，無論都城還是鄉里，均由國家主持或提倡，耗費大量人力、物力和財力修寺建塔，開鑿石窟。是時，南朝首都建康曾有五百多所佛寺。北魏時僅首都洛陽就有一千三百六十七所佛寺。隋代佛寺則多達一千四百三十四所，覆蓋面積爲隋郡的百分之六十以上。唐代佛寺鼎盛時竟有四萬五千多所。至清初，佛寺已達八萬所。直到今天在中國土地上還有成千上萬所佛教寺院。其中較爲著名、保存比較完好的佛寺至少也有上千所。五臺山、峨嵋山、普陀山、九華山，以及敦煌、麥積山、雲岡、天龍山和龍門等地，更是寺院、殿宇、石窟集中之處。僅以現存佛教建築而言，東始上海，西至新疆，北起黑龍江，南到廣東、海南，其踪迹無所不在。由此可見，佛教建築擁有量堪稱中國古代建築之冠。

佛教建築屬于空間造型藝術，因其宗教屬性，需在立寺擇址、建築布局、群体組合、內部空間、細部雕刻與建築裝飾上追求佛界意境對人的心理感應，故而通過藝術手法營造神秘聖潔的環境氛圍，以極強的精神感染力和滲透力教化禮佛者，這就使得綜合運用造型藝術手法表現佛教建築的宗教功能成爲必不可少的手段。自南北朝開始，中國佛教建築把雕塑、繪畫、書法、碑刻與建築結合在一起，那時期，大量開鑿石窟寺，開創了融綜合造型藝術于一體的先例，對以後的佛教建築活動影響極大。由此，佛寺、佛塔、經幢、石窟寺的建造從結構到裝飾，大至整座殿宇，小到構件細部，幾乎無一例外地綜合運用了造型藝術，從而比宮殿建築具有更加豐富的表現形式和文化內涵，給人以更加愉悅的美學感受。縱觀中國古代建築的歷史，具有杰出藝術成就的建築不乏佛教建築的實例。至今現存時間最早的地面以上木構建築和最珍貴的雕塑、壁畫、碑刻也都集中在佛教建築之內，成爲中國古代建築的稀世珍寶。佛教建築藝術集中國古代建築藝術之精華，其內容之豐、品位之高，均爲其他古代建築所少見。

佛教建築在中國古代建築中形成特殊地位絶非偶然。歷代帝王之所以崇佛禮佛，舉國家之力大興佛教建築，原因就在于佛教與政治從來密不可分。

佛教的因果報應、生死輪迴理論，以及救苦救難、普渡衆生、利他纔能利己的教化，融合了中國古代哲學，不僅對于生活在社會底層的勞苦大衆具有很強的誘惑力，形成了廣泛的社會基礎，而且對于處在統治地位的帝王和士大夫安定社會秩序，維護政治利益也極爲有利。因此，這種社會政治環境爲佛教提供了寬鬆的生存發展空間，使其成爲中國古代建築中僅次于宮殿的重要建築。佛教建築由此得以在廣建寺塔、開鑿石窟的同時，采用了成組斗栱、琉璃瓦、鴟尾、脊獸、鎦金、鑄銅、鑲玉和繪畫、雕刻、書法等多種藝術手段，甚至對建築細部也都進行了精心的藝術處理。古代帝王給一些重要佛寺欽定主持，敕賜寺名、匾額與詩詞，對于佛教建築藝術的成熟和發展起了極大的推動作用。在漫長的歷史歲月裏，隨著佛教的弘揚與傳播，古代人民創造出的獨具特色的中國佛教建築藝術异彩紛呈，彪炳史册。

（二）佛教建築藝術形成的歷史文化特徵

佛教不是産生于中國的宗教；佛教建築也不是土生土長的中國古代建築。佛教由印度傳入中國，根植于這塊古老的土地，靠的是與中國傳統思想文化結合，依附于中國傳統思想文化在中國立足發展。顯而易見，中國佛教建築藝術并非是印度佛教建築藝術的翻版，而是佛教文化與中國傳統思想文化和建築藝術的結晶。

佛教建築藝術是弘傳佛教教義，表現佛教理念，以佛教崇拜爲目的的佛藝術。在佛教建築中，被作爲表現和崇拜偶像的主體建築是佛寺、佛塔和石窟。佛教將理想化的崇拜意識寓于佛寺、佛塔和石窟建築，藉助多種藝術形式表達宗教感情，舉行宗教儀式。

佛寺作爲僧侶供奉佛像、舍利（佛骨和遺物），進行宗教活動和日常居住的處所，是佛教文化的載體和傳媒。佛寺源于印度，在印度被稱作僧伽藍，而在中國則被稱爲浮屠、蘭若、禪林、塔廟、寺、庵、廟等。『佛寺』的稱謂也由中國的官署名稱演化而來。据《大宋僧史略·創造伽藍》中記載：『「寺」嗣也。治事者相嗣續于内也，本是司名。西僧乍來，權止公司；移入别居，不忘其本，還標寺號。僧寺之名，始于此也。』這裏所指『西僧』，就是公元六十七年（漢明帝永平十年）由印度來到中國的伽葉摩騰和竺法蘭二位高僧。二僧最初住進東漢外交官署鴻臚寺，繼而建成專事佛教活動的伽藍，仍取寺號，名之曰『白馬寺』。于是『佛寺』沿用至今。佛寺在形制和布局上也突現了佛教文化與中國傳統思想文化和建築藝術融合的特點。印度佛寺的形制是四方式宮塔，以供奉佛骨和遺物的舍利塔爲中心，四周建房舍，且均係磚石結構。佛寺傳至中國，受到營造方式和禮制規範的影響，宮塔式逐漸被樓閣式所取代，演化成以供奉佛祖的殿宇爲中心，同時結合中國木構建築的特殊性，出現了廊院佛寺，形成殿塔樓閣組群多元化，使佛教文化完全適應了中國僧侶和禮佛者的倫理觀念與心理需要。

佛塔的建築藝術同樣如此。印度式佛塔稱爲窣堵坡，由臺座、覆體、寶匣、相輪構成。窣堵坡演化爲中國的佛塔不僅表現在形式演變，而且反映在内容延伸。佛教文化與中國傳統思想文化和建築藝術融合而成的佛塔一改印度佛塔形制，成爲樓閣式、密檐式和亭閣式，并將窣堵坡改作塔刹，置于塔頂之上，使中國的佛塔既有宗教功能，又有觀賞眺覽功能。按結構和材料劃分派生出石塔、磚塔、木塔、銅塔、琉璃塔；按式樣劃分派生出樓閣塔、密檐塔、金剛塔、喇嘛塔、花塔、燃燈塔、祖師塔、雙塔、三塔、塔林；塔的平面也由四角形發展爲六角形、八角形、十二角形和十六角形，如此等等，千姿百態。佛寺的彩繪、壁畫、裝飾和佛塔細部處理，以及石刻等也都融入了中國的傳統思想文化和建築藝術。

石窟寺也來源于印度，雖然在建築形式和建築風格上與佛寺迥然不同，然而在建築藝術上却同出一轍。石窟的形制多取方形平面，或設前後二室，或在石窟中央設一塔柱，其平面均爲中軸對稱，窟内佛像位次及大小也都賓主分明，尊卑各得其所。這些處理手法典型地體現了中國古代的禮制規範和倫理觀念。洞窟内頂部的藻井多半用寬邊分格，并飾以飛仙、蓮花、蛟龍等中國傳統紋樣，也完全不同于印度的做法。塔柱已經没有印度石窟中的那種圓形覆鉢體，而是改爲漢闕發展起來的多層樓閣式，每一層小樓閣都有雕刻的斗栱、梁枋、檐柱和拱門，佛像端坐在拱門裏。有些石窟外部建有木構的殿廊，個别石窟在洞門外雕刻門罩，或在石壁上浮雕柱廊形式。更多的石窟則是在洞的前部開鑿成排有列柱的前廊，使整個石窟的外貌呈現出木構殿廊的式樣。這種具有鮮明的中國民族文化的石窟建築藝術，同樣體現了佛教建築形成的歷史文化特徵。

（二）佛教建築藝術的品位價值與審美意義

佛教博大精深，是在中國影響最大的宗教。兩千年來，在佛教弘傳中，由梵文翻譯過來數千卷經典，建造了數萬所佛寺。其中佛寺作爲佛教文化的載體和傳播媒介分置各地，使佛教弘傳更加普及。其建築藝術與中國傳統思想文化特别是與古代哲學和雕塑、繪畫、書法等造型藝術相互滲透，相互融合，成爲中國歷史文化寶庫的豐厚遺産，蘊含著很高的審美意義。

1、佛教建築藝術形象地展示了佛教的文化內涵和發展歷史

佛教建築藝術是佛教建築功能的外在表現形式，旨在爲宣傳佛教的教義服務。佛教教義貫穿的崇拜意識屬于抽象意識，佛教建築藝術將這種抽象意識具象化，通過對苦海無邊的現實人生和虛幻飄渺的極樂世界，以及佛界衆生相的描繪、渲染、誇張與烘托，把佛的尊嚴、佛法的威力和佛教經論形象地展示出來，引導禮佛者在感受佛教內容的漸進過程中領悟佛教的真諦。

人們從立寺擇址可以心領佛教崇尚身清氣潔、超脱塵緣的淨化意識；從建築布局可以神悟佛教追求均衡統一、莊嚴肅穆的淨國秩序；從殿堂樓舍可以體察佛教修行的果位和通過修行方能涅槃成佛的終極目標；從晨鐘暮鼓可以感知佛法除祛人生煩惱的靈性。更因爲舍利是涅槃的象徵，標志著修成正果，所以舍利塔通過層層向上拔起的塔身和高居蓮花寶座上的塔刹，使禮佛者在虔誠地昂首仰視高聳雲天的佛塔時，對佛域淨土的頂禮膜拜之情油然而生。不僅如此，就連佛塔的平面構圖也都成爲闡釋佛教文化的標識：正四邊形與正八邊形分別象徵佛法所謂的『四相』、『八相』和『四諦』、『八正道』；正六邊形爲『六道輪迴』；正十二邊形喻意『十二因緣』。至于圓形平面，則表達了佛教中圓滿、圓通、圓融的宗教感情。

在佛教建構的宇宙世界裏，佛和菩薩、羅漢、諸天組成了一個龐大的神祇陣容，這些佛界神祇降魔賜福、普渡衆生的職責和法力也都藉助佛寺建築空間的組合與烘托得到充分展示。例如中國四大佛教聖地的寺群分別供奉文殊、普賢、觀音和地藏四大菩薩，正是體現了大乘佛教『智、行、悲、願』的理想。又如浙江天臺國清寺、江蘇南京栖霞寺、陝西西安慈恩寺、山西大同華嚴寺、江蘇揚州大明寺、陝西西安大興善寺、山西交城玄中寺、河南登封少林寺則作爲佛教天臺宗、三論宗、法相唯識宗、華嚴宗、律宗、密宗、淨土宗和禪宗的八宗祖庭，典型地代表了不同流派的佛教文化。再如中國佛寺、佛塔形制演化所帶來的藝術風格和歷代經幢、碑刻，以及不同時期的佛像、壁畫藝術特徵，又都真實具體地記載了佛教的發展過程。可以毫不誇張地說，佛教建築如同一座座生動形象的藝術寶庫，爲研究中國佛教的過去、現在和未來提供了極其豐富珍貴的實物資料。

2、佛教建築藝術深刻地反映了中國古代傳統思想文化

在中國古代，社會儒家思想一直處在精神主宰地位。佛教傳入中國後，其因果報應、生死輪迴的理論指出了一條衹有禮佛修行，克服欲望，積善積德，纔能擺脱苦難，終成正果，實現生命人格升華的人生道路。它的五戒、十善以及揚善懲惡的主張具有普遍社會價

值。一些佛教義理與儒家思想也多有相通之處。佛教建築藝術反映中國古代傳統思想文化的最顯著特徵，就是由佛教文化與儒家禮制相融合而導致的中國佛寺官署化、等級化。這一特徵以漢傳佛教建築最爲典型。

漢傳佛教建築在中國影響最大，從寺院建築布局到建築形體、結構構件、內外裝飾，都深受儒家禮制影響，在『禮爲天下之序』的觀念和制度下處處凝結著強烈的政治倫理規範。與此同時，受中國古代陰陽宇宙觀和人生哲學，以及崇尚對稱、均衡、穩定的審美心理支配，立寺擇址與佛寺形制強調『天人合一』、『辨方正位』，使佛教建築融入自然環境，平面布局采取方形，沿中軸綫依序對稱排列各類建築，構成整飭嚴謹、氣勢磅礴的建築群體。而且所有建築的規模、數量、尺度、高度、面寬、開間、進深、斗栱或佛塔層數、屋頂脊獸、雕飾圖紋等，都有嚴格的等級限定，形成鮮明的等級序列，同時采用象徵尊貴和吉祥的奇數（特別是九和九的倍數）來營造。中國佛寺官署化、等級化的特徵在藏傳佛教，特別是漢式喇嘛寺廟和漢藏結合式喇嘛寺廟中也都有深刻的反映。無論是依山而建的寺廟，還是建于平川之上的寺廟，奉祀佛祖、佛法和活佛的主體建築均置于整個建築群的構圖中心，通常體量較大，建造也比較考究。其餘各類建築的排列與建造也都有著分明的尊卑和位次。

中國古代傳統倫理觀念認爲，殿在建築中的地位神聖崇高，唯帝王商議朝政、舉行國家大典，以及祭祀天地神靈和列祖列宗的地方纔有資格被稱之爲殿。佛教因受歷代帝王恩寵，集中體現著人的生死意識和理想人格，于是供奉佛像、禮佛、誦經的建築也被特許冠以殿名。大多數佛寺除建有大雄寶殿、菩薩殿、天王殿、羅漢堂外，還在山門兩側分置鐘樓和鼓樓，儼然宮殿、官署一般，完全承襲了禮制建築程式。中國的佛寺按照其弘傳佛教的作用和帝王重視的程度，劃分了嚴格的等級。地位最高的是皇家功德寺，其次是敕建大國寺；以地域劃分尚有京寺和州、郡、縣寺等。不入等次的最底層奉佛場所則謂之『山林蘭若』、『山坊佛堂』。佛寺地位越高，規模也越大，院落也越多，大殿斗栱的層數也隨之有加，各種建築藝術處理也越顯檔次高貴。帝王對佛寺的重視和關愛通常以欽定主持、敕賜寺額、題詩立碑昭示天下。人們從這裏不難感受到中國古代傳統思想文化對佛教建築藝術的深刻影響。

3、佛教建築藝術集中地體現了中國古代建築藝術成就

在中國古代建築藝術的園苑中，佛教建築藝術堪稱瑰麗的奇葩。它從适應弘傳佛教這一功能出發，集古代建築藝術之精華，進一步豐富了其美學特徵。

漢傳佛教建築大都坐落在廓大的高臺之上，由梁架、立柱承重，寬厚牆體圍合，牆呈收分之勢，開間主次分明，外觀形象嚴謹對稱，端莊典雅；立柱與梁枋之間以斗栱承托，層層疊疊，其上冠以飛檐翹角的琉璃瓦大屋頂，整座建築造型雄偉壯觀，氣勢輝煌。這些佛教建築不僅擁有大量最能體現中國古代建築絢麗多彩的藝術形象和鮮明性格特色的殿、堂、樓、閣、廊、廡等建築類型，而且還創造了千姿百態的塔類建築；屋頂造型也有硬山、懸山、歇山、廡殿、攢尖、重檐、捲棚等多種樣式。當中國明清以前地面以上的絶大部分古代建築隨著歲月的流逝早已化爲烟塵時，唯有佛教建築至今却還保存著南北朝以來可資鑒賞研究的許多精品，成爲不同歷史時期建築藝術的最好見證。

中國佛教建築常以單層爲主，采用横向鋪展的組合方式，有時爲了滿足塑造高大偉岸的佛像和表現佛域淨土的崇高神聖，通過減柱、增設人字栱、加大藻井縱深或采用樓閣暗層等手法，對建築内部的空間尺度進行特殊處理，創造出向高層發展的建築風格。我國古代建築藝術的珍品主要集中于佛教建築。現存最早的中國古代建築山西五臺南禪寺和佛光寺、最大的佛殿山西大同華嚴寺大雄寶殿及殿中懸空樓閣、平面形制最爲奇特的河北正定隆興寺的摩尼殿、屋頂酷似金剛寶座的河北承德普宁寺大乘閣、山西五臺山顯通寺無量（梁）殿和江蘇南京靈谷寺無量（梁）殿等均屬此例。又如最高雙層樓閣的杰出範例天津薊縣獨樂寺觀音閣總高二十三米，内矗一座巨大的十一面觀音塑像，全閣面寬與進深之比以及高與進深之比，均在四比三左右。觀音閣設計精巧，結構穩定，外觀形象巍巍壯觀。位于山西渾源的懸空寺是最著名的一座崖屋建築群。全寺四十間殿宇樓閣，均建在陡峭山崖上，順山崖凹進的地勢起殿，樓閣之間以棧道相連，參差錯落，迂迴曲折，布局十分別致。諸如此類還有跨谷築橋爲基而建的河北井陘蒼岩山福慶寺的橋樓殿、雲南昆明西山羅漢岩上的懸空寺、閣崖交融的山西代縣趙杲觀，以及敦煌、龍門、樂山、雲崗、天龍山等地石窟摩崖大像前倚崖建造的多層樓閣，這些都是絶無僅有的稀世之作。

裝點在全國各地的佛塔挺拔秀麗，形態各异，更加豐富和繁榮了中國古代建築藝術寶庫。例如，目前世界上最高大的木結構建築就是山西應縣佛宫寺的釋迦塔。這座木塔平面呈八角形，總高六七·三一米，塔身由斗栱承托四層平座，每層平座上均建有木圍欄，供游人登臨遠眺。全塔斗栱多達五十四種，集中了中國所有的斗栱造型，成爲古代建築的經典。整座木塔結構精巧、莊嚴穩重、美觀樸實、氣勢雄偉，顯示了中國古代建築高超的藝術成就。

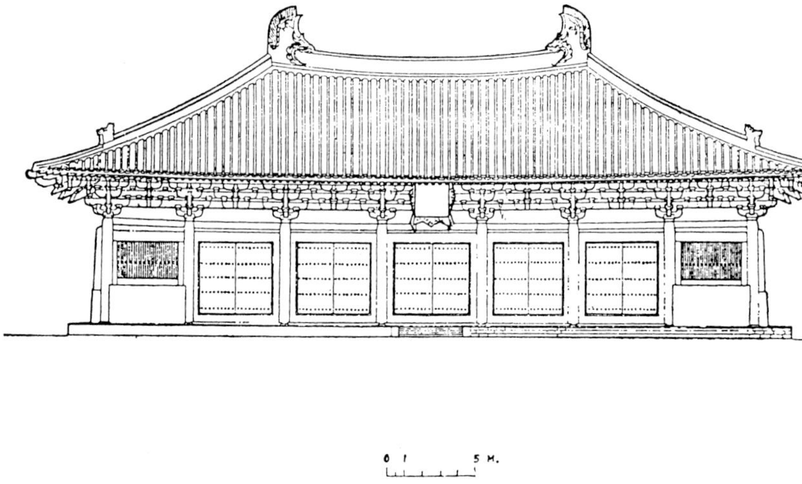

圖一　佛光寺東大殿立面

4、佛教建築藝術别具韵味的美學特徵和審美意義

佛教建築藝術屬于空間造型藝術。從美學角度審視佛教建築，欣賞到的不單純是其個體外觀形象，而且還包括内部空間和建築群體構成的外部空間的形象，以及由這些空間藝術形象所表現的文化意藴。

佛教建築外觀形象的美學特徵在于對均衡、對稱、對比、和諧等形式美法則的創造性運用。無論是佛寺、佛塔，還是經幢、石窟，盡管它們的外觀形象各自具有鮮明的性格特色和耐人尋味的韵律，但是却都一律采用中軸對稱的均衡造型，同時巧妙地運用適當的比例關係和强烈的對比手法，使得整個建築形體典雅莊重，和諧統一，形成特定的視覺美感。其中尤以佛寺中殿宇的立面造型最爲典型。大殿立面的柱高與每個明間寬度的比例近于方形，斗栱碩大，出檐較深，斗栱高度一般取立柱高度的二分之一，屋頂正脊長約三間，屋面采用一比二的和緩坡度，使正脊、屋頂、鴟尾與殿身各間構成和諧比例，并且特别突出了斗栱在整個立面構圖上的藝術形象。加之大殿的厚實牆面和鏤空門窗之間形成的虚實對比，更增添了怡人的魅力。殿堂樓閣外觀形體特徵最引人注目的部分莫過于『如鳥斯革，如翬斯飛』的大屋頂。其流動酣暢的屋面曲綫與騰空欲飛的屋頂檐角形成了動感極强的陰柔之美，同時廓大舒展的臺基與渾厚穩健的牆體又透出一種陽剛之氣，二者剛柔對比，相濟并蓄，達到了完美統一（圖一）。佛塔的建造同樣也是注重在總體把握均衡和諧的藝術特徵上，運用比例和對比求得統一中有變化。塔身層層拔高，巍然屹立，表現出雄偉倔强的陽剛崇高之氣；塔身自下而上按比例逐層減窄減低，并輔以細膩精湛的雕刻，展示出韵味極濃的陰柔綺麗之美，從而成爲中國古代建築特有的藝術形象。

佛教建築單體内部空間和建築群體構成的外部空間形象的美學特徵，是運用連續空間分隔組合的藝術手法，在空間序列展開中創造曲折變化，以形成跌宕起伏的優美韵律。佛教建築個體因受簡單平面制約，内部空間非常有限，即使佛寺大殿的内部空間也不過僅由前後外槽和内槽三部分構成。爲造成空間曲折變化，外槽通常建造成狹而高的空間，而内槽則以多層斗栱承托明栿，栿上再以斗栱構成通透的小空間，天花與立柱交接處采用向内斜收的方式，從而有效地增加了内槽的高度感。同時通過斗栱、柱頭枋與牆體結合，在佛像的左、右、後三面把内槽和後部外槽分隔開，使内槽構成封閉的空間，更突出了它在大殿中的重要地位（圖二）。大殿内各開間的空間高度沿横向依次遞減，將内槽分爲若干小空間，使整個大殿的内部空間高低錯落，有分有合，虚實相間，主次明确。佛教建築群體的空間組合主要體現在佛寺，强調均衡、對稱、協調和韵律，追求整體和諧美。佛寺無論

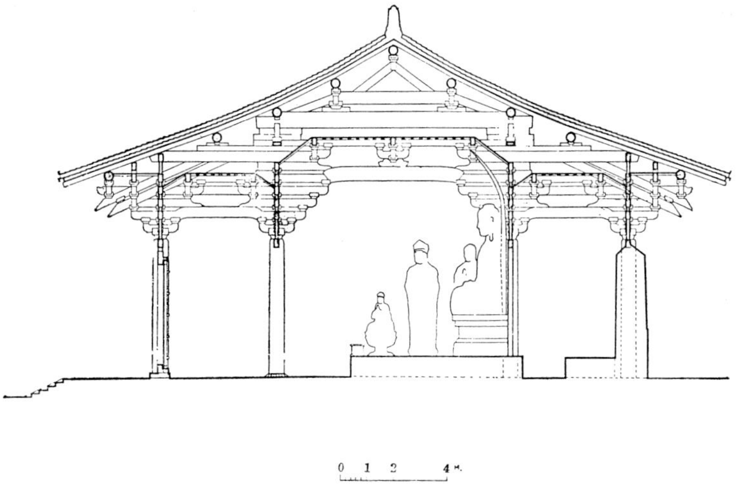

圖二 佛光寺東大殿殿內部空間

建在平地或山地，均圍繞主體建築，沿中軸綫分別向縱横層層延伸擴展，形成若干相對封閉的重重庭院。它們共同的美學特徵都是通過門、廊、欄、徑分隔組合空間，并運用庭院與建築的虛實對比，産生疏密相間、錯落有致的節奏，使建築組群構成許多富于變化的有序空間。

佛教建築藝術創造的視覺美之所以能夠産生强烈的感染力和滲透力，除具備別有韵味的美學特徵外，還由于其內在的豐厚文化意蘊。佛教建築藝術追求的不僅僅是建築形式美，而是形神兼備，按照社會與時代的審美心理創造佛教建築的藝術形象和深邃意境，以直觀的形式顯示社會物質文明和精神文明的水平，藉以達到傳神與傳心的藝術效果。這正是佛教建築藝術的審美意義所在。佛教文化傳播的廣度和深度取決于佛教經論義理深入人心的程度，取決于人們對佛教的信仰程度，而佛教建築藝術的職能就是運用人們所能普遍接受的生動具體的空間造型藝術形象，感之以美，動之以情，引導人們通過審美進入信仰。宗教意識中的觀念崇拜往往和形體想象聯係在一起，佛教建築形體美的創造正是按照人們對于佛、佛法和佛界的理解去進行形象的描述。同時，由于人們對于佛教的崇拜意識和藝術想象力又都源于現實生活，離不開當時的社會生産力水平，因此對于佛教建築藝術的審美意義也就遠遠超出了研究佛教文化及其建築藝術的範疇，引申到社會政治、經濟、思想文化、倫理觀念等更加廣泛的領域。

二、中國佛教源流及其對佛教建築藝術的影響

佛教、基督教、伊斯蘭教并列爲世界三大宗教。佛教産生于印度，自公元一世紀傳入中國，四世紀在中國廣泛流行，六世紀末至九世紀中葉的隋唐時期達到極盛，創宗立派，百家爭鳴，其勢波瀾壯闊，聲華騰蔚。這一時期，佛教文化的繁榮對佛教建築藝術的發展帶來了重大影響。雖然唐末以後直到清代佛教走向低迷衰落，但是佛教建築在中華民族燦爛文化的熏陶和同化下日漸成熟，形成了自己獨特的藝術風格。

（一）佛教的産生與佛教的基本教義

佛教産生于公元前六世紀至五世紀的古代印度，創始人悉達多·喬達摩是迦毗羅衛國淨飯王的長子，與中國古代的思想家孔子生活在同一時代，也是一位受人尊崇的聖賢。由于他屬于釋迦族，因此被後人尊稱爲釋迦牟尼，也就是釋迦族的聖人。悉達多幼年喪母，被其姨母撫養成人，少年時代師從婆羅門教的學者修讀文學、哲學、算學、工藝技術學和醫學等，知識十分廣博。淨飯王因其天資聰慧，相貌奇偉，希望他將來繼承王位，統一天下。然而悉達多經歷了亡國滅族的劫難，面對社會不平和人生生老病死的痛苦，深感他所學到的知識和他未來的王位、權力無以解決現實問題。于是消極厭世，二十九歲時不惜放弃王位，毅然離家出走，歷盡艱苦辛酸，到處尋求人生解脱之道。他先後學習禪定，修練苦行，淨身進食，沉思默想，忽有一日終于在一棵菩提樹下悟出了『四諦』之道，獲得了徹底覺悟而成爲佛陀，時年三十五歲。古印度梵文中的佛陀意思屬于『大徹大悟之人』，是『自覺』、『覺他』、『覺行圓滿』者。因佛陀簡稱佛，故佛的言教被稱作佛教或佛法。如今人們所説的佛教則是對佛陀傳授的道理和教義，以及經典、儀式、習慣和教團組織等宗教内容的廣義稱謂。

佛教的基本教義是『四諦』説。所謂諦，就是『實在』和『真理』。四諦中的苦諦，用來解釋社會人生苦難不盡的現象與道理；集諦或稱因諦用來説明導致世間人生諸苦的原因；滅諦用來教誨欲想解脱痛苦唯有達到涅槃；道諦用來講述人生達到涅槃境界的途徑和方法。佛教經典非常繁多，宗派教義各有不同，然而共同遵從的基本教義均爲『四諦』説。如同所有宗教都關注人的生死命運，希冀靈魂不朽，寄托再生渴望一樣，佛陀及其弟子們所關心的問題，也集中在關于人的本質和人的解脱。佛教的全部學説基本上都圍繞這一主題展開。四諦所依据的根本原理是緣起論，佛教所有教義均來自于緣起論這個源泉。『緣起』，即『諸法由因緣而起』。佛教把『因』和『緣』解釋爲内部關係與外部條件，認爲一切事物或一切現象都是相對互存的關係和條件，離開了内部關係和外部條件，就不能産生任何事物或現象。據此，佛教把人生苦難的緣起概括爲『十二因緣』，并提出了因果報應、生死輪迴和五戒、十善的理論，主張禮佛修行，廣積功德，止惡揚善，達到無餘涅槃。

釋迦牟尼成佛後進行了長達四十五年的傳教活動，主要在古代印度中部恒河流域的廣大地區傳教説法，傾畢生精力弘傳佛教，直到八十歲逝世。他的弟子和佛教徒承襲他的教誨，代代相傳，使佛教傳播的範圍越來越廣。釋迦牟尼原本是人不是神，佛教的本質也不承認神的存在。然而，後世的佛教徒們出于對釋迦牟尼的熱愛和崇拜，逐漸把佛陀神化，奉若神明，將這一歷史人物上升爲佛界第一神靈，并且把他和他的弟子描繪成龐大的神祇系統。這就自然而然地適應了當初人們造神的要求，爲藉助豐富的想象力藝術地詮釋佛教經論提供了可能，使在自然困境和社會困境中無力解脱自己生存命運的人們求助于佛陀與佛教，得到了精神的寄托。公元前三世紀，古代印度的阿育王爲了維護政權，把佛教因果報應的教義與統治者的切身利益聯係起來，供養沙門，廣建佛塔，崇拜佛教聖物，對佛陀的神化起了推動作用，進一步變成了對佛的偶像崇拜。阿育王朝時期佛塔和塔的雕刻物的出現，産生了佛教藝術，同時由于佛教藝術的興起使佛教得以形象化傳播，促進了佛教更爲廣泛和多元化的發展。阿育王對佛教的支持和對佛崇拜活動的發展，使産生于古代印度的佛教走向了世界，終于成爲世界性的宗教。

釋迦牟尼死後一百多年，印度佛教内部因對古典教義闡釋的分歧，開始分化爲大衆部派與上座部派，至公元一世紀形成了大乘教和小乘教兩大派系，綿歷二千載，再無變化。大、小乘教的主要區别在于對『四諦』説詮解差异：大乘佛教又稱爲大衆部佛教，以普渡衆生爲宗旨，主張參與社會世俗活動，既要自己覺悟，也要覺他，利他；小乘佛教也稱爲上座部佛教，以自我解脱爲宗旨，主張遠離社會世俗生活，自我修行，克服個人欲望。古印度記載佛教經典的語言有兩種，一種是古代雅語，叫梵文，另一種是古代俗語，叫巴利文。由于最初佛教向世界各國傳播的途徑和語言不同，因此分成了漢傳佛教、藏傳佛教和南傳佛教三大體系，其中漢傳佛教與藏傳佛教由梵文而來，同屬大乘教，南傳佛教則由巴利文而來，屬于小乘教。

（二）佛教傳入中國和第一所佛教寺院的建立

佛教傳入中國的確切時間自古以來衆説紛紜，難以考證。據曹魏魚豢撰《魏略・西戎傳》一書所説，公元前二年大月氏國王的使臣伊存來到中國的都城長安，口授《浮圖經》給西漢弟子。目前學術界一般認爲這是佛教傳入中國内地之始，然而佛教界則公認佛教始于漢明帝求法。此説最早見于《四十二章經》和《牟子理惑論》。史料記載：東漢永平七年（公元六四年），漢明帝劉莊夜夢身披祥光的神人飛臨殿前，次日與群臣説夢，問所夢者爲哪方神仙。太史傅毅答道，聽説西方天竺之國有神，名稱謂之曰『佛』，形象與陛下夢中所見一般。漢明帝聞聽大喜，于是派遣使者蔡因和中郎將秦景、博士王遵等十三人，前往天竺國（今印度）求取佛法。蔡因一行來到大月氏國時恰遇伽葉摩騰和竺法蘭二位天竺高僧，并得到佛像和佛經，于永平十年（公元六七年）一同回到東漢都城洛陽。伽葉摩騰與竺法蘭受到漢明帝盛情款待，暫住迎賓官署鴻臚寺。隨後漢明帝又下諭旨，命在洛陽城雍門外御道旁專爲二僧修館建舍，以便將佛像和佛經安置其中，請伽葉摩騰和竺法蘭在此居住，傳授佛法，譯著經藏。舍館建成之後，仍按原迎賓處所稱謂冠以『寺』名，并因佛像與經卷皆由白馬馱運而回，故將舍館取名爲『白馬寺』。從此白馬寺成爲佛教在中國的祖庭，受到歷代佛教信徒的頂禮膜拜。白馬寺作爲中國佛教的第一所寺院，是在中國古代帝王的全力支持下得以建立，標志著印度佛教在中國的弘揚和傳播得到了國家的承認和崇信。中國佛教寺院的建置遂由此起始，迅速在內地的廣大地區擴大規模，大大推動了佛教文化在中國的傳播與發展。

從西漢末年到東漢末年的二百多年間，是佛教在中國的初傳時期。它經歷了一個反復、曲折的過程，終于在中國特定的社會條件和文化背景上定居下來。這一時期，佛教不僅有了自己的義理內容，而且由社會上層走向社會下層，從少數人進入多數人，且以洛陽、彭城（今徐州）、廣陵（今揚州）爲中心，開始向全國流布，直至廣州，呈自北向南發展的趨勢。同時，佛教譯著亦頗豐，中國人自己也開始撰寫佛教著作。據現存最早的經錄《出三藏記集》記載，僅漢桓帝至漢獻帝的四十餘年間，譯介爲漢文的佛教經典即有五十四部，七十四卷。譯者中最有代表性的安世高原爲安息國太子，曾游歷西域各國，進入中國內地之初在洛陽譯經，後避戰亂于江南，經廬山、南昌而至廣州，其行走路綫大體反映了佛教在中國內地傳播的路綫。

佛教初傳中國西藏爲時較晚，始于松贊干布執政時期。松贊干布與唐太宗生活在同一時代，當他統一了青藏高原諸部，建立起吐蕃王朝後，在創立西藏的文字、曆算，製定官制法律，發展醫藥、百工，促進對外貿易的同時，還積極引進佛教。松贊干布先與尼泊爾王國的公主布里庫提聯姻，繼而又與唐王朝的文成公主聯姻。二位公主分別帶來佛像，并建大昭寺、小昭寺供奉其中。松贊干布也在拉薩周圍建造了四邊寺、四邊外寺等十二座小廟和一些道場，開始造像奉佛，譯介佛教經典。

巴利語佛教傳入中國的時間更晚。公元一五六九年緬甸金蓮公主下嫁第十九代宣慰使刀應勐，隨來的僧團携帶大批佛像佛經，并在景洪地區興建寺塔弘傳佛教，繼而佛教又傳至德宏、耿馬、孟連等地傣族中，纔逐步形成了自成體系的南傳佛教。

（二）漢唐佛教廣泛傳播與佛寺群系的勃興

漢末儒家觀念的崩潰和玄學的興起更爲佛教在中國的急劇發展創造了條件。從三國到西晋都有大量的佛教經典、戒律得到譯介傳播，興建佛寺逐漸成爲社會的重要建築活動之一。最初東漢、三國的佛寺常隨外域僧侶行脚所至而設立，故而數量不多，無序可求。西晋『廣樹伽藍』也主要在西京長安與東京洛陽，當時境内各郡佛寺總計六十七所，其中唯有孫權在建業（今南京）創立『建初寺』，首開江南建立佛寺之先河。自東晋始，佛教備受帝王的信仰和支持，發展尤其迅速。而且在洛陽興建了中國歷史上第一個女尼寺——竹林寺，佛教活動空前。據史載，東晋帝王無不信奉佛法，結交僧尼。而且名士奉佛極爲盛行，以至佛教義學影響到書法、繪畫、詩歌、文學的題材、情調和風格，其勢前所未有。中國漢地佛寺群系也隨之迅速興起，形成了宏大的規模。據我國最早記載朝代佛寺的典籍唐法琳《辯正論·十代奉佛》稱，東晋時共有佛寺一千七百六十八所，僧尼二萬四千人。這些大小佛寺散落在各郡的水陸都會之地。當時，皇室貴族競相修建佛寺成爲東晋王朝奉佛的一個顯著特徵。佛教建築及有關佛教的雕塑、繪畫、音樂等藝術形式風靡一時，多表現在佛教寺院及其活動之中。

南北朝是中國佛教全面持續高漲的時期。佛教在帝王心目中已由一種祈求太平吉祥的手段變成維護自身統治的工具，政治需要佛教、佛教服膺政治的特徵表現得相當突出。因此，在歷代帝王大力扶植下，佛教在北方和南方廣爲弘傳，推動了佛寺的興建。據《辯正論》記載，南朝宋、齊、梁、陳四代以蕭梁佛寺居多，共有二千八百四十六所，僧尼八萬二千七百人，比東晋佛寺增加一千餘所，僧尼增加三倍之多。佛寺的宏觀分布已大致形成疏密相間的群系，密集度最高的地區在東部沿海各郡，長江中、上游和華南腹地次之，東南沿海與長江中游部分地區再次，密集度最低的地區在西南和淮北。北朝佛寺群系在形成過程中開始受到國家干預，從官私自發造寺的無序狀態向政區普建佛寺的有序狀態過渡，到東魏末年時，境内已是『僧尼大衆二百萬矣，其寺三萬有餘』。期間寺群規模空前宏大，以中州之地和燕趙平原的佛寺密度最高，周圍地區梯次降低，且多集中于大小水系流經的地域。與此同時，南北朝鑿崖造寺之風遍及全國，西起新疆，東到山東，南自浙江，北至遼寧，都有這一時期的石窟留存至今。

隋朝統一中國後，把佛教作爲解決社會問題，鞏固隋王朝統治的重要工具，使急劇發展起來的中國佛教呈現出繁榮昌盛的景象。南北政治分裂在逐步轉向全國統一的過程中，

圖三　唐代佛寺分布示意圖
（引自張弓《漢唐佛寺文化史》）

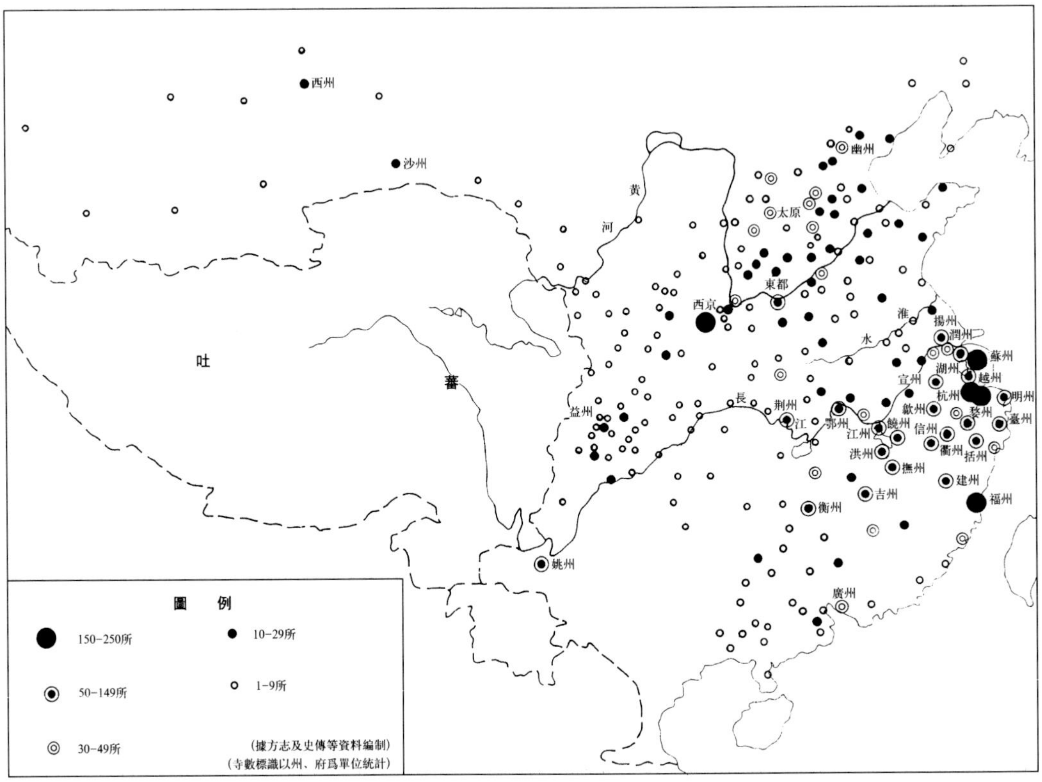

大大促進了各地文化交流，佛教信仰中各類『師説』相互補充，相互融合，産生了許多崇奉不同佛教教義的宗派。其中主要有天臺宗、三論宗、三階宗。及至唐代，佛教文化已經成爲社會意識形態的一個重要組成部分。伴隨著中國封建社會進入全盛時期，中國佛教也達到了鼎盛階段。入唐後佛教又相繼建立了一些新的宗派，最有影響的是華嚴宗、法相宗、禪宗、律宗、淨土宗、密宗和藏傳佛教。這些宗派分别創造了各自龐大的理論體系，不僅影響著大批士人，左右著時代思潮，而且普及到了社會底層，以至一部分佛教義理變成了大衆的觀念。隋唐兩代王朝都采取了以儒學爲本，以佛教爲輔，調和儒、佛、道三教思想的統治政策。爲擁有相對穩定、人數衆多的社會信仰層，于是在全國範圍内大興土木，修寺立塔。隋開皇初就曾一度奉行『有僧行處，皆爲立寺』的政策。當時隋文帝詔令全國弘傳佛教，在『五岳及諸州名山之下各置僧寺』，并在所經行的四十五州均立大興國寺，使所置州三分之二被佛法所化。唐代建寺基本承襲了隋代按政區立寺的原則，詔令各州縣置寺。在全國五千萬人口中，擁有佛寺多達五千所，僧尼二十餘萬之衆。其建寺三次大的高潮分别出現在『貞觀之治』、『開元盛世』和大中興佛時，佛寺群系密集度較高的地區在中東部，其中長安和洛陽周圍地區，以及東南沿海地區的佛寺群系最爲密集（圖三、圖四）。

漢唐佛寺勃興的方式表現爲從隨機營造漸至有序興置，顯著特徵是舉國之力全方位推進。漢唐佛寺群系的規模和分布超過了中國歷史上的任何時期，對以後中國佛教的發展産生了深遠的影響。隨著佛寺群系的勃興，佛教建築活動薈萃全國的能工巧匠，創造出了輝煌的中國佛教建築藝術。

（四）佛教多元化造就了不同風格的建築藝術

佛教原屬于异國文化。佛教在中國的傳播不是簡單的譯介佛教教義及其經典理論，而是佛教文化與中華民族文化的創造性融合。

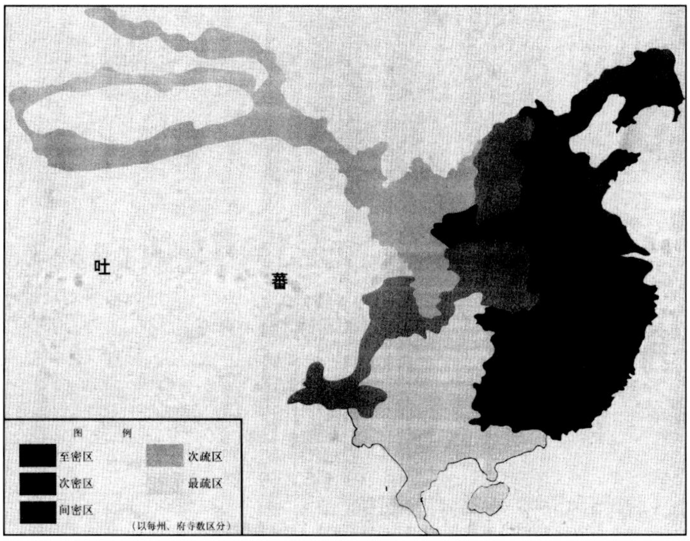

圖四　唐代佛寺區群示意圖
（引自張弓《漢唐佛寺文化史》）

佛教之所以能夠根植于中國這片沃土，顯示出强盛的生命力，就在于它融入了中國的原始宗教意識和傳統倫理觀念，吸收了不同地域具有民族特色的歷史文化，形成了適應中國社會心理特徵的宗教信仰。印度佛教經過中國化的嬗變過程産生爲中國佛教，而且由于佛教流派多元化的出現造就出了不同風格的佛教建築藝術。

佛教中國化的嬗變過程可以追朔到佛教傳入中國的不同途徑。據史料記載，佛教最早從印度循三條途徑傳入中國：西北通過絲綢之路，經西域傳入中國的中原腹地，與漢族文化融合，形成了漢傳佛教（又稱北傳佛教）；西部通過尼泊爾傳入中國的吐蕃，與藏族文化融合，形成了藏傳佛教（俗稱喇嘛教），後又流傳于中國青海和內蒙古的廣大地區；西南通過緬甸驃國傳入與之接壤的中國雲南傣族聚居地區，形成了南傳佛教。這三大體系的佛教無論流傳到哪一個地域，都毫無例外地被那個地域的佛教信徒奉若至尊至聖的神明，都要極盡本地域和本民族最能體現奉祀神靈的傳統文化和宗教信仰方式來表達崇佛禮佛的虔誠，于是佛教建築的建築布局、建築特徵，乃至裝飾藝術風格，也因佛教傳播地域的文化背景差异，各自獨具特色。

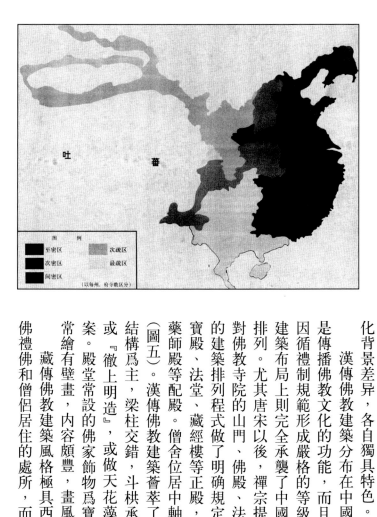

漢傳佛教建築分布在中國廣大地域，受漢族傳統思想文化影響，被突出强調的不僅僅是傳播佛教文化的功能，而且還有維護倫理觀念和等級制度的社會功能。佛教建築群大都因循禮制規範形成嚴格的等級序列。尊卑意識與名分等次滲透到佛教建築的所有層面。在建築布局上則完全承襲了中國漢民族傳統的營造方式，采用縱軸式中軸對稱進行統一構思排列。尤其唐宋以後，禪宗提倡的『伽藍七堂』寺院格局逐漸成爲佛寺建築布局的藍本，對佛教寺院的山門、佛殿、法堂、方丈、齋房、浴室、東司（廁所）等七種使用功能不同的建築排列程式做了明确規定。照此布局，沿中軸綫由南向北依次爲山門、天王殿、大雄寶殿、法堂、藏經樓等正殿，正殿左右兩側對稱布置鐘鼓樓、伽藍殿、祖師堂、觀音殿、藥師殿等配殿。僧舍位居中軸綫的左側，而用以接待四方香客的禪房則位居中軸綫的右側（圖五）。漢傳佛教建築薈萃了中國古代建築的各種類型，內容極爲豐富。所有建築均以木結構爲主，梁柱交錯，斗栱承托，坡形屋面，飛檐翹角，彩繪雕飾，極盡其美。殿堂空間或『徹上明造』，或做天花藻井。佛像的背光飾物多用祥雲捲草和吉祥動物組成各種圖案。殿堂常設的佛家飾物爲寶蓋、幡、幢與歡門，供具常見香爐、花瓶、燭臺等。殿內通常繪有壁畫，內容頗豐，畫風迭變，風格多樣，流派甚衆。

藏傳佛教建築風格極具西藏地方色彩。與漢傳佛教建築不同的是：喇嘛寺廟不僅是奉佛禮佛和僧侶居住的處所，而且也是崇尚活佛，研究和傳承佛學的所在。寺廟的建築一般

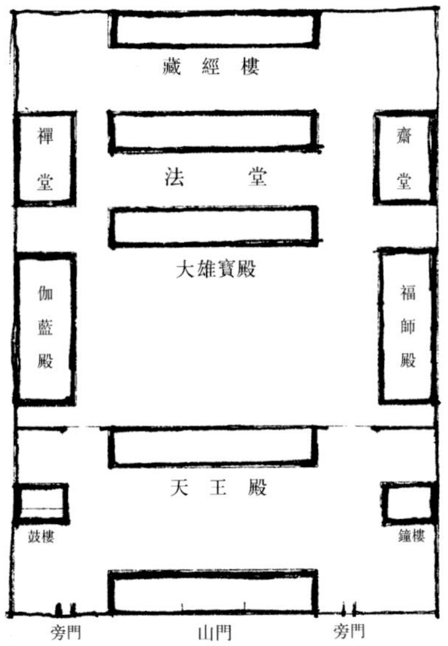

圖五　禪宗『伽藍七堂』寺院格局示意圖

由措欽（寺院最高管理組織）、扎倉（相當于佛學院）、康村（喇嘛生活起居區）、拉康（佛殿）、拉讓（活佛府）、辯經壇（喇嘛活佛辯經考試場所）等六大部分組成。建築規模宏大，種類繁多，功能也比較齊全。寺廟建築布局恪守『都綱法式』，在『回』字形平面空間内縱横排列柱網，外圍一圈以二、三層平頂樓房構成圍廊，中部高高凸起木構坡屋頂建築作爲供奉大佛的殿堂，大殿内部空間自上而下貫通，四壁設置多層迴廊平臺。依照『都綱法式』建造的喇嘛寺廟分依山式建築和平川式建築兩類。依山式建築依山就勢，層層疊疊，覆蓋整個山頂或山坡，形成獨特的『屋包山』景觀，建築與山勢渾然一體，宛如磐石。平川式建築是將體量巨大的經堂等主殿居中，其餘建築環繞四周。主殿形制多爲梯形平臺之上構築木製殿堂，主殿外圍則以石頭壘砌成方形或圓形牆垣，牆垣厚重高大，開窗很小，且常采用横向裝飾帶劃分建築層數，以增加其立面變化。喇嘛寺廟外觀色彩大多爲白色，以黑色窗套和女兒牆點綴其上，主體建築群則飾以紅色，構成色彩强烈對比。建築外檐懸挂紅、藍、白三色幔條，屋角懸挂由五種顔色布條組成的幢帶，屋頂還常裝飾有銅法輪、金鹿、蓮花、寶幢、三叉戟和火焰掌等吉祥壓勝物，金碧輝煌，華貴高雅。大殿内的墻面和迴廊墻面都繪滿了以佛教故事、歷史故事以及藏族民俗爲題材的壁畫，色澤飽滿艷麗，覆蓋力强，風格獨樹一幟。

南傳佛教建築散落在中國雲南的西雙版納、德宏、保山、臨滄等傣族、布朗族、崩龍族、阿昌族和部分佤族居住的地區，規模不大，數量不少，結構簡單，分布較廣。寺院建築風格因受緬甸建築的影響，又被稱爲『緬寺』；包括大殿、僧舍、鼓房三部分，多由寺門、前廊、佛殿、經堂、鼓廊、潑水亭和佛塔組成建築群落。建築布局以殿塔爲中心，沿東西方向縱向布置，并不追求均衡對稱。寺門與佛殿之間通過前廊連接，佛殿的入口不在正南，而在東面或東南，開在建築的山墻上。佛塔與鼓廊分列于佛殿兩側。僧舍設置在寺院北區，建築形式酷似雲南民間的竹樓，底層中空，樓上用于起居。南傳佛教建築的顯著特徵突出表現在屋頂造型。屋頂普遍體量龐大，坡度陡峭，舉折重疊，輪廓豐采多姿，造成尖聳奔騰之氣勢，給人以强烈的動感。殿内除了裝飾有壁畫之外，還有大量體現雲南地方民族色彩的布畫、木質浮雕和彩塑。

誠然，佛教流派多元化造就的佛教建築藝術風格遠非三大類型所能囊括，即使同一流派和同一類的佛教建築藝術，由于宗派衆多，崇奉的佛教教義不同，其建築風韵也各不相同，表現得异彩紛呈。如同屬漢傳佛教的南方佛教建築與北方佛教建築，在藝術風格上就有很大差异，特别是西南地區的一些佛寺突破漢傳佛教建築模式，竟以水榭作爲大殿，甚

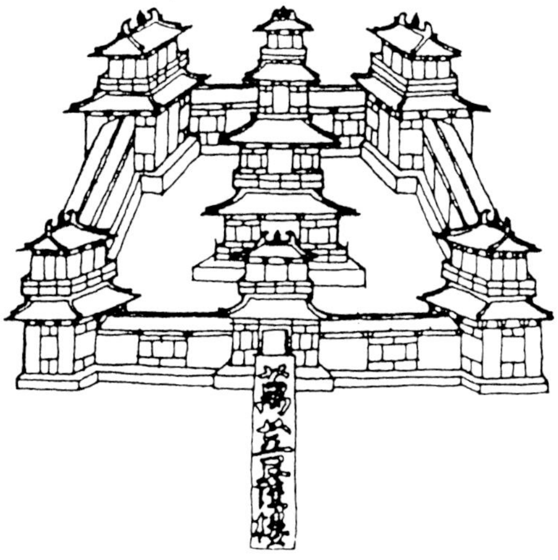

圖六　《五臺山圖》所示樓塔式佛寺

至以觀音殿取代大雄寶殿，更是屢見不鮮。

三、北方佛教建築形制與布局的演變

佛教初傳中國，廣泛流布在長江以北地區，尤以黄河流域最爲集中。印度佛教嬗變爲中國佛教，由形成而至鼎盛，賴于長期作爲中國政治、經濟重心的北方所特有的皇權推動力和深厚歷史文化的積澱。因此，在佛教發展的漸進過程中，北方佛教建築最早接收中國古代建築思想及其營造法式，爲確立完整的佛教建築形制與布局奠定了基礎。

（一）北方佛教建築的主要形制

早期，北方佛教建築的形制因循了古代印度的式樣。基本特徵是磚石結構的宫塔式，傳至中國的北方以後，同以木構架爲主要結構方式、以殿堂樓閣爲主要内容的中國古代建築遇合，開始逐步適應中國的社會心理，吸收中國本土的技術與文化，無可逆轉地發生了中國化的嬗變。

宫塔式佛寺是以象徵『天宫千佛』的巨型『宫塔』爲主體，塔後建佛堂，周圍造僧舍的佛教寺院形制。這種形制所體現的佛寺功能旨在强調突出『宫塔』的宗教意義。宫塔式樣由印度傳入中國漢地最早見于洛陽白馬寺壁畫。據《魏書·釋老志》載：『自洛中構白馬寺，盛飾佛圖，畫迹甚妙，爲四方式。凡宫塔制度，猶依天竺舊狀而重構之，從一級至三、五、七、九。世人相承，謂之「浮圖」，或云「佛圖」。』由此可見，浮圖或曰佛圖均指天竺宫塔制度，按此制度構築的寶塔，每層外壁布滿佛龕，象徵『天宫千佛』，故稱『宫塔』。宫塔式佛寺曾在漢晋時期的西域地區普遍盛行，而内地却并不多見。宫塔建築的典型特徵是以磚石砌築，基座平面爲『四方式』，塔身斷面有方形與圓形兩種，塔體自下而上呈收分之勢，塔層成單，層龕與柱龕内供奉佛像。不過這種宫塔式佛寺終因歲月久遠，早已蕩然無存，惟史料、遺迹尚可資考證，描述梗概。

樓塔式佛寺是中國化佛寺的早期形制。這種形制藉助于中國古代建築固有的樓閣藝術造型，將磚石宫塔演變爲木結構方式的重樓，并以寶刹作頂，使其既有樓的外觀，又有塔

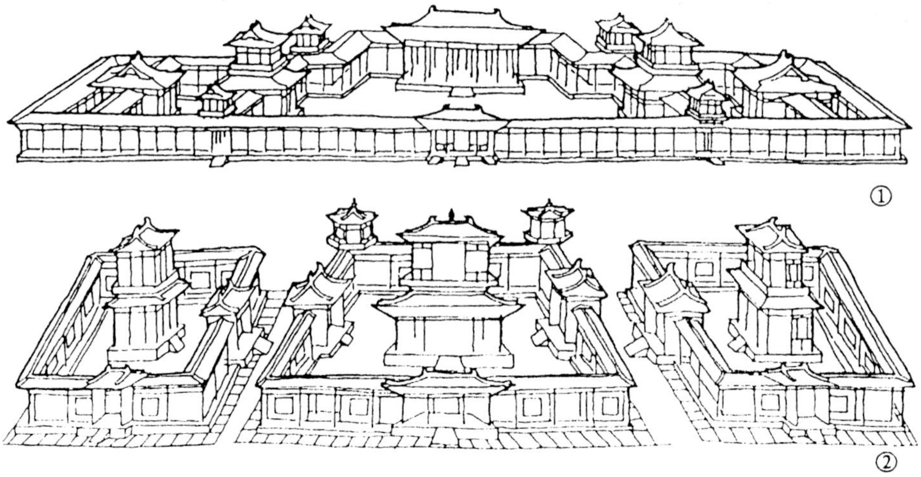

圖七　敦煌壁畫所示廊院式佛寺

的特徵，是謂『樓塔』。樓塔與宮塔的主要區別在于將遍布塔外壁的千層佛龕改爲內置佛像，堂閣環樓而設，從而使原來繞塔瞻禮膜拜變爲堂內供佛誦經（圖六）。中國最早的樓塔式佛寺當屬三國時建在徐州的浮圖寺。史書稱徐州浮圖寺『上纍金盤，下爲重樓，又堂閣周迴，可容三千許人。』北魏時期的佛寺多承襲徐州浮圖寺的樓塔式形制。僅雲城（今山西大同）就曾先後建有五級浮圖和七級浮圖，其中七級浮圖高三百丈，號稱天下第一。寺內主體建築爲樓塔，同時還建有聖殿、講堂、禪房、沙門座。由于樓塔式佛寺符合中國的特點，因此從一開始就顯示了旺盛的生命力，三國、兩晋、南北朝時，樓塔式佛寺已從北到南在各地相繼興建。

在中國，隨著佛教精神崇拜物與禮佛形式的變化，殿堂變得越來越神聖，于是，廊院式佛寺形制應運而生（圖七）。盡管這種形制最初帶有明顯的印度痕迹，但是畢竟爲佛教建築形制的發展開闢了新境。特別是佛教多元化與世俗化帶來了佛教功能的多樣化，同時對釋祖的崇拜也演化爲對佛教諸神的崇拜，故而更加需要通過多種佛教建築進行禮佛活動和佛教傳播活動，使得單一的樓塔式佛寺形制終于被多元的廊院式佛寺形制所取代。廊院式佛寺巧妙調動各種藝術要素組合建築群體和空間序列，不僅能夠滿足佛教功能多樣化的需求。而且可以創造出奇妙的藝術景觀，較之樓塔式佛寺具有更强大的生命力。廊院式佛寺無論單院式，還是多院式，均以大殿爲主體建築，周圍依序建殿、堂、樓、閣等配殿建築。如山西大同善化寺，平面呈長方形，主要位置建造山門（天王殿）、三聖殿和大雄寶殿等主體建築，將觀音殿、地藏殿、普賢閣與東、西配殿環其四周，并通過迴廊聯結在一起，即屬單院式佛寺（圖八）。多院式一般用于大寺，有主院與旁院之分，主院與旁院或縱聯，或橫聯，或縱橫相聯，通常情況下寺院規模越大，旁院也就越多。在大寺中，主院多以殿閣組群作爲主體，而旁院則以獨立的殿閣作爲主體（圖九）。從甘肅敦煌石窟的寺相壁畫中可見當時多院式佛寺的特徵和極盛時的景象。將廊院式引入佛教寺院，大大促進了佛教文化的繁榮，豐富了佛教建築藝術。

（二）北方佛教寺院的布局

北方佛教建寺院的建築布局與其建築形制的演化息息相關。在宮塔式、樓塔式向廊院式漸進過程中，以塔爲中心的布局也隨之朝著以殿爲中心的布局發展，日臻成熟，直到形成『伽藍七堂』的穩定模式。

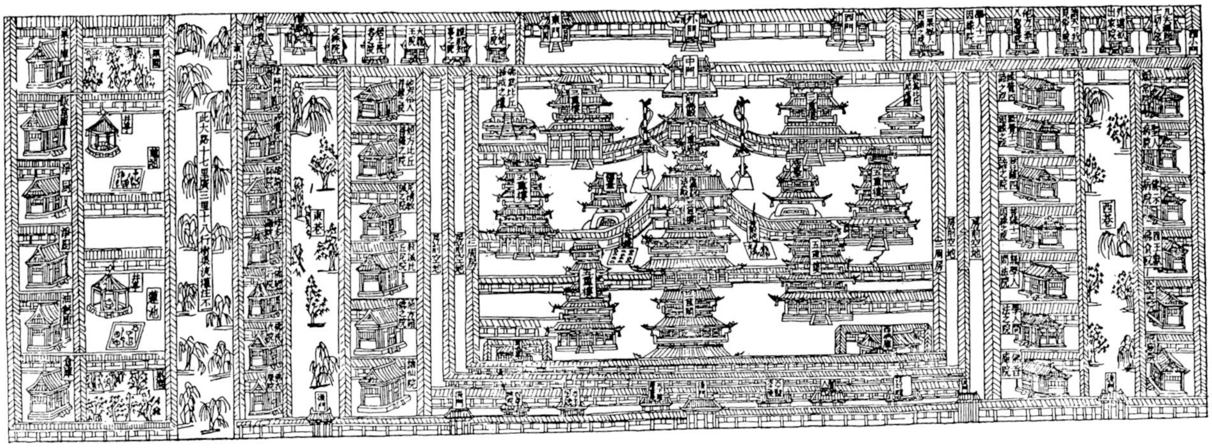

圖九　《戒壇圖經》所示多院式佛寺形制

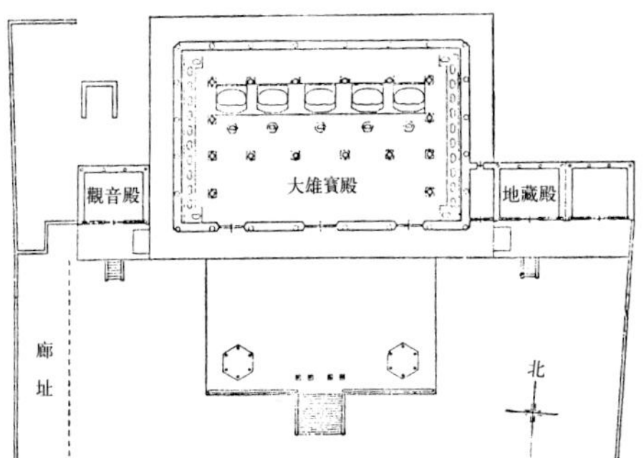

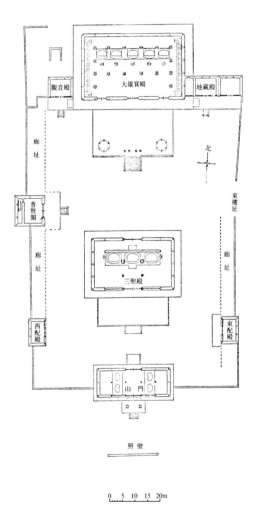

圖八　大同善化寺總平面圖
（單院式佛寺形制）

佛寺以塔爲中心，緣起佛塔所具有的特殊宗教意義。因佛塔是佛祖釋迦牟尼的舍利和精神象徵所在，故拜塔與繞塔念佛誦經是崇佛禮佛的主要形式。以塔爲中心的佛寺布局常見于宮塔式和樓塔式建築形制，據説白馬寺初建時的布局就是以塔爲中心，中心建築爲一座大方木塔，周圍建有殿堂和廊門。其後，浮圖寺也成爲這種布局模式的典型代表。《洛陽伽藍記》也曾記載了北魏首都洛陽以塔爲中心的佛寺建造情形。其中永寧寺『有九層浮圖一所，架木構之，舉高九十丈。有刹，復高十丈，合去地一千尺。去京師百里，已遥見之』。類似永寧寺在佛寺主要位置建築高塔的尚有瑶光寺、長秋寺、景明寺、秦太上君寺等等。當今世間以塔爲中心的完整寺院早已不復存在，但從敦煌石窟的寺相壁畫仍可看到其特徵。第六十一窟《五臺山圖》繪製的六角形寺即是以塔爲中心的佛寺布局圖例（圖一○）。隋唐時期以塔爲中心的佛寺布局已經發生了很大變化，但是在唐代以後也時有反復。如山西應縣佛宮寺的遼代釋迦塔（應縣木塔）、明代北京真覺寺的金剛寶座塔，依然占據著佛寺的中心位置，看似沿襲了以塔爲中心的佛寺布局，其實這時佛寺的殿堂和佛像均已起著重要作用。

在佛塔一元獨尊的地位消失後，以殿爲中心的佛寺布局開始出現。佛祖釋迦牟尼和梵宮諸神之所以能夠走進殿堂，首先在于殿堂的實用性。佛教建築形制從宮塔式到樓塔式的變化，意味著造像奉祀的形式逐步取代瞻禮象徵性建築的形式，供佛誦經的精神崇拜開始

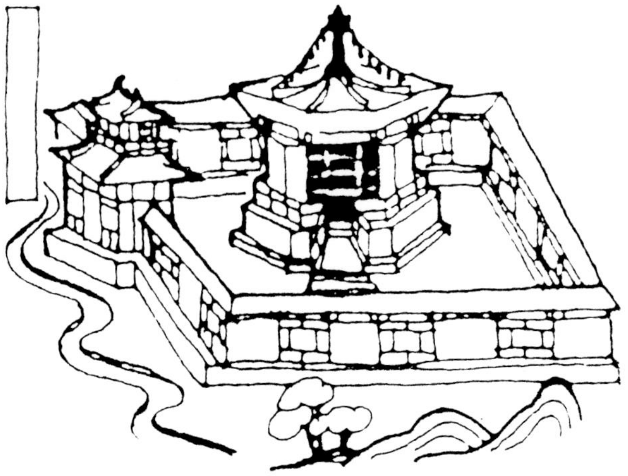

圖一〇 《五臺山圖》所示以塔爲中心的佛寺形制

由建築的外部空間轉向内部空間。由于佛教影響迅速擴大，崇佛禮佛者與日俱增，樓塔内部狹小的空間難以適應規模越來越大的佛事活動需要，注定將寺院的中心地位讓于擁有寬闊室内空間的殿堂。中國古代建築裏的殿堂具有固定的平面柱網，既可以通過擴大中央支承部分展寬殿堂的面闊，也可以在進深方向通過加柱來擴大殿堂的縱深空間，又可以利用層層疊疊的斗栱抬梁延升殿堂内部空間的高度，其拓展室内空間的功能比其他任何古代建築都要優越得多。誠然，選擇殿堂作爲佛寺中心還在于殿堂的政治屬性。中國古代社會嚴格的等級制度造就了帶有高低貧賤鮮明差别的建築體系，致使每一座古建築不但具有實用性，而且具有明確的社會政治意義。在這一階梯形序列裏，殿堂象徵著至尊至貴，象徵著神聖與權威。殿堂的形制規整，造型威嚴，體量碩大，裝飾極盡華美，在中國古代建築體系中擁有無以倫比的崇高品位，充分體現著『皇權至上』、『非壯麗無以重威』的思想理念。按照等級制度，殿堂屬于高級建築，衹有帝王議政、大典和寢宫纔有使用殿堂的特權。然而，因爲歷代帝王被尊稱爲『天子』，而佛教供奉的又是天上諸神，加之佛教不斷世俗化，趨向于依附皇權政治，參與輔助王政，所以佛教被特别允許在殿堂内供奉佛像，禮佛誦經，享受了與『天子』理國同樣的殊榮。

以殿爲中心的佛寺是一組或多組布局嚴謹的建築群。佛教建築中國化以後，雖然在建築細部保留了許多古印度式樣的痕迹與特徵，但是在整體上已經滲透了中國的傳統思想文化和審美觀念。反映在以殿爲中心的佛寺布局上，則特别强調寺院的縱軸綫，即中軸綫明確，沿中軸綫設置重重庭院與建築，大殿居中而立，左右對稱布置配殿。佛寺無論大小，規格無論高低，均照此形式建造，即使比較複雜的多院式佛寺，也均在以殿爲中心、中軸綫爲基準的基礎上或縱向擴展，或横向延伸而成。如北京潭柘寺是寺院在縱横雙向擴展延伸的實例。縱向沿中軸綫布置爲五進院，隨地勢層層拔高，依次建有山門、天王殿、大雄寶殿、齋堂與毗盧殿；横向則在中軸綫東西兩側與之平行分别建有重重院落。東以庭院式建築爲主，有延清閣、方丈院、行宫院、流杯亭、圓通殿、地藏殿、舍利塔等；西有幾處殿、堂、壇、臺組成的庭院，建築布局不像主軸綫建築群體那樣刻求嚴謹。由于寺院的擴展延伸，滿足了這座敕建佛寺發展規模的需要，使潭柘寺形成以中路爲主，東、中、西三路并進的格局，氣勢恢宏。從潭柘寺可以看出，以殿爲中心的佛寺布局形式由簡單而複雜，不斷發展完善，既緊湊嚴謹，又靈活多變，進一步豐富了佛教建築的藝術表現力。尤其禪宗提倡的『伽藍七堂』成爲以殿爲中心的佛寺布局定式後，占據了主流地位，在中國廣泛普及，傳承至今。

（三）北方佛教寺院造型的兩種基本形式

縱觀佛教在中國的傳播過程，帝王崇佛，皇權推動，藉助傳統的倫理觀念不斷對佛教施以巨大影響，將佛教建築活動納入禮制規範，導致了佛教寺院布局趨同于宮殿和官府，給佛教建築造型也留下了官署式的深深印痕。

官署式佛寺是北方佛教寺院造型的一種基本形式。在官署式佛寺中，所有的宗教建築都被賦予了社會屬性，劃定等級，區別高低貴賤，并仿照宮殿和官府建築的樣式與排列，尊卑有序，各安其位。在任何一座佛寺裏，建築與建築之間的相互從屬關係十分明確，許多情況下就連供奉佛像的殿堂所具有的規模、體量、尺度、建築形式，甚至臺基高度、屋頂式樣、天花藻井等局部構件、彩繪雕飾也都明顯地體現出一種衹有世俗社會的官場纔有的君臣僚屬關係。因爲大雄寶殿供奉佛祖釋迦牟尼，建築品位也就最高，所以能在佛寺『擇中』而立，建于象徵著至尊地位的須彌座上，享有使用廡殿式和重檐歇山式屋頂，以及采用鑲金藻井的特殊權利。現存北方佛教建築中的崇善寺就是一座典型的官署式佛寺，建寺標準完全按照宮殿式布局，至今仍保存著《崇善寺建築全圖》（圖版一三五）。佛寺坐北朝南，占地十六公頃，平面呈長方形。在寺院的中軸綫上排列著山門、金剛殿、天王殿、大雄寶殿、毗盧殿、大悲殿和金靈殿七楹大殿建築，兩側東西配殿一一嚴格對稱。與其他佛寺所不同的是在寺院裏還特別套建著一個由迴廊環繞的主體庭院，將天王殿、大雄寶殿、毗盧殿等主要建築集中布置在這裏，坐落在高大的臺基上。其中大雄寶殿采用了中國古代建築等級裏最高規格的九間重檐廡殿頂的大殿形式，下有雙重白石臺基，并且與北面的毗盧殿通過穿廊連成工字殿，這些藝術手法都進一步强化了等級制的威嚴。內院的東、西迴廊外各鋪砌一條縱貫南北的夾道，夾道旁整齊地并列著八個小院。不僅如此，位于主體庭院迴廊以北的大悲殿與金靈殿之間還另建一座二進院，二進院東、西兩面分別建有兩個三進院落。由此足見崇善寺布局與北京故宮布局何其相似：同樣都是依中軸綫布置大量建築，且中軸綫兩側建築群體嚴格均衡對稱；都是利用平矮而連續的迴廊襯托高大的主體建築；東西重重小院與故宮東西六宮的格局幾乎同出一轍；單體建築造型和裝飾也頗多共同之處。從某種意義上説，崇善寺就是故宮的一個小小的縮影。北京西郊香山的碧雲寺也是一座官署式佛寺。全寺坐西朝東，以中軸綫上四進院落爲主體，與標準的官署式佛寺相比，在形式上少了一些嚴謹，却保留著官署式的主要特徵。官署式佛寺在各地都能見到，它們除了保持以殿爲中心的中軸對稱布局和單體建築造型沉穩肅穆的基本形態外，又都因地制宜，各有細微變化。

民居式佛寺是北方佛教寺院造型的又一種基本形式。佛教在中國的傳播早已深入社會下層，影響著平民百姓。于是，或因消灾祛病，或因祈祐平安，或因憩隱放逸，或因皈依寄終，出于各種心理需要和精神希冀拜佛，中國古代以宅舍爲寺的社會現象相當普遍。據史籍記載，民間造寺盛于晚唐時期，此後蔚然成風。這種佛寺規模小，數量多，至今仍可看到不少。民居式佛寺雖然也恪守以殿爲中心的建築布局，采取方形平面和中軸對稱，力求構成均衡穩定、和諧統一的建築組群，但是支配這種思維定式的主要不是尊崇君臣僚屬的等級觀念，而是崇尚天人合一及致中平和的古代哲學觀念，以及對稱、穩定的審美心理。社會屬性對于民居式佛寺建築的影響遠不及宗教性。通常單體建築的功能依佛事需要而定，同時民居庭院式在建築組群中也起著重要作用。佛寺的院落布局非常緊湊，基本上由山門、天王殿、大雄寶殿、藏經樓組成，一字排開建在中軸綫上，大雄寶殿居中，左右兩廂爲配殿、禪房和僧舍，有些佛寺還建有鐘鼓樓，風格雄渾古樸，沒有官署式佛寺那樣雄偉和華貴。大殿規格多爲三間殿堂和五間殿堂，臺基構成十分簡約，通常不用須彌座和欄杆，而用平臺。屋頂絶大多數爲單檐歇山式，也有懸山式和硬山式，個別爲單檐廡殿式，屋面除正脊與垂脊用琉璃瓦之外，大部分用青瓦或黑瓦。佛寺中的其他殿堂建築則形同民居，兩坡形屋面，上鋪青、黑色瓦片，外檐很少使用斗栱。民居式佛寺大都散落在山林村野，較少受到戰火襲擾，在歷代戰亂和動蕩中不少名寺古刹遭到破壞，倒是這些名不見經傳的民間小寺却得以保存下來。中國現存的地面以上古建築百分之七十在山西，主要是佛教建築，其中民居式佛寺占了相當數量。比較有名的五臺山普化寺、寶華寺、栖賢寺、尊勝寺，太原龍泉寺、淨因寺，平遥鎮國寺、雙林寺，沁源靈空山聖壽寺，平順大雲院、天臺庵，潞城原起寺，晋城崇壽寺，高平定林寺、游仙寺、開化寺，陵川南北吉祥寺、龍岩寺等迄今保存完整。民居式佛寺別具一格的建築藝術不僅在北方佛教建築藝術中擁有不可或缺的地位，而且在南方佛教建築藝術中也令人刮目相看。如佛教四大名山之一的九華山化城寺等佛寺建築群就多采用皖南民居的形式，造型多姿多采，品類豐富複雜。

（四）北方佛教建築立寺擇址的宗教理念與意境創造

在世人心目中似乎所有名山大川都被僧尼占據，以求得優美的自然環境作爲自我修行的立身之地。其實佛教建築在『名山』立寺擇址的緣由遠不止此。佛教既然屬于一種宗教，那麼對于建立佛寺位置的選擇也就自然首先需要體現其宗教理念。佛教寺院是佛國精神的象徵和淨土的縮影，因此對環境的要求與宗教的淨化意識直接相關，既要利于出家人修行，又要利于傳播佛教。而修行的基本條件就是隔絶塵緣，與世無染，祇有這樣纔能身清氣潔。佛教寺院選擇在清曠絶塵處立寺，禮佛者到此進香拜佛，耳邊祇聞誦經聲與鐘磬聲，消除了塵世間的煩惱，更容易感悟生命的真諦和佛的神聖。朔本尋源，釋迦牟尼從修行到成佛的過程就是一個心境淨化的過程。這一心境的淨化伴隨著環境的淨化，由遠離王舍去城郊外漫游，轉而在菩提樹下獨自靜坐沉思，再到鹿野苑説法，最終涅槃修成正果。于是釋迦牟尼的這種修行方式形成了佛門弟子修行的規則和範例。凡入佛門，必擇深山幽靜之處，這種立寺擇址原則早在佛教傳入中國之初已開始形成。《魏書》就有東魏孝靜帝元象元年詔令『梵境幽玄，義歸清曠，伽藍淨土，理絶囂塵』的記載。自此以來『諸州營塔寺，多在高山秀阜』。名山大川風景秀麗，却有交通不便、人迹罕至的特點，故而是佛教建築立寺擇址的理想所在。中國佛教名山多達上百座，它們的形成正是這樣一種包含宗教目的的選擇。其中最有影響的是五臺山、峨嵋山、普陀山與九華山。作爲文殊菩薩道場的五臺山是唯一坐落在北方的佛教名山。它由五座頂如平臺的山峰環抱而成，海拔超過三千米。《清凉山志》記載五臺『以歲積堅冰，夏仍飛雪，曾無炎暑，故曰清凉。』這裏遠離市井村落，清凉高曠，實在是靜心修行之所。《華嚴經·菩薩住處品》更把五臺山清凉勝地與佛教直接聯係起來，説『東北有山，名清凉山。從昔以來，諸菩薩衆，于中止住。』漢明帝時曾因五臺山山勢奇偉，氣象不凡，且與印度的靈鷲山（釋伽牟尼修行處）極爲相似的緣故，特恩准伽葉摩騰和竺法蘭二僧在五臺靈鷲山麓建造的顯通寺爲五臺山漢傳佛寺之首，而清代乾隆皇帝敕建的供奉五方文殊菩薩的黛螺頂爲藏傳佛寺之首。可見山不在名而在靈，立寺擇址的關鍵是體現佛教理念，尋覓清曠絶塵的自然環境。

毋庸置疑，貫穿于宗教建築活動中的宗教理念對于形成宗教的建築形態特徵有著決定性作用。包括佛教、基督教、伊斯蘭教在內的世界宗教都在宗教理念的支配下構架了各自的建築體系，然而它們在建築形態特徵方面却産生了巨大差异。究其因，不外乎是宗教傳播所依托的各個地區、各個國家的文化背景極大不同。佛教寺院既然『結廬在人間』，其立寺擇址也就必然受到世俗社會傳統文化的深刻影響，突出地體現在宗教理念和意境創造中融入了『天人合一』的自然觀。這種自然觀念認爲，天地與人有著同樣的結構。天有九野，地有九州，人有九竅；天地間有金、木、水、火、土，人有心、肝、脾、肺、腎；天人互爲感應，互爲依存，因而强調人與自然的統一和諧，順乎自然，自然環境也即修行禪境。在佛教建築活動中，則提倡天然造化美與人工意匠美融合，藉助天然造化之美構築佛寺意境，從而使抽象化的宗教理念在形象化的意境創造中得到生動體現。因此佛教建築造型絶無高聳的柱廊、巨大的穹頂、尖拱形花窗和利刃狀尖塔，它不崇尚直插雲天、傲然物外的美學特徵，較少個性張揚，而是崇尚自然，通過向平面展開的建築序列，以對稱、協調、錯落有致的建築群體氣勢求得與自然環境和諧相處。佛教建築立寺擇址或在秀峰重巒，或在高峽峭壁，或在山林丘阜，或在大漠古原，或在清泉溪瀑，或在江河湖畔造出萬千景觀。如北京戒臺寺坐落在西山深處的極樂峰，距京城三十五公里，四面環山，松林茂密，人烟稀少，清曠靜謐，宛若隔絶凡塵的世外桃源。這裏蒼松虬勁，形態頗爲奇特，芳草葳蕤掩映著通幽曲徑，到處透著靈氣。其所有建築都盡可能考慮到與天地造設的和諧關係，尤其突出了以松爲盛的特點，將整個寺院隱匿于參天古松的濃陰之下（圖版一三七）。又如淨土宗祖庭玄中寺建在山西交城西北十公里的石壁山中，又名石壁寺。寺院背依陡坡，前臨深澗，四周層巒疊嶂，群峰環抱，位置十分隱蔽。初來尋覓寺踪，沿澗河攀援而上，不免頓生山窮水盡疑無路，峰迴路轉現山門的感慨之情。寺内建築多巧藉山勢，就地取材構築而成，殿堂跌宕，林木扶疏，曲徑層盤，雲飛梵宇，佛天淨域盡在妙境之中（圖版三三）。山西晋城青蓮寺的立寺擇址也頗具匠心。佛寺坐落在兩山夾峙的丹河邊，地勢局促，陡峭狹窄。遠望青蓮寺，殿堂樓閣鱗次櫛比，形成『寺裏山』的景觀，近觀又如山水盆景點綴于丹河翠峰之間。登臨樓臺，仰可憑眺珏山風光月色，俯可鳥瞰丹水波濤變幻，形成很强的風景藝術效果（圖版七六）。佛寺意境的創造將寺宇之美和禮佛修行的情心融而爲一，體現了中國藝術深邃的審美境界。

誠然，在中國也有相當多佛寺建在喧鬧的市井城邑，如北京天寧寺、雍和宮、智化寺，西安薦福寺，洛陽白馬寺，大同華嚴寺、善化寺，開封相國寺等等，于鬧市中取靜，獨善其身。究其因，固然便于貼近世俗社會，擴大佛教的影響，直接向各階層傳播佛教文化，但最重要的乃是佛教世俗化所帶來的難以超脱的社會屬性，不得不依附于皇權政治。因此，佛寺普遍規模較大，布局嚴整，建造豪華，具有典型的官署式風格。特别是都城的佛寺大多由帝王敕建或御賜寺額，欽定主持，題詞立碑，故而規格也常在其他寺院之上。

四、北方佛教寺院中殿堂樓舍的配置與建築造型

北方佛教寺院中殿堂樓舍的配置與造型具有典型的代表性，基本上保留了各個歷史時期的傳統風貌。北方佛教建築在漢朝起開始出現，此後完全承襲了中國古代建築的傳統技術和藝術，爲適應弘傳佛教文化的不同功能的需要，按照中國古代建築的營造法式，不斷創新發展，以豐富多彩的藝術形象和獨特的韵味展現在中國古代建築藝術的殿堂。

（一）北方佛教寺院中殿堂樓舍的建築配置

北方佛教寺院裏的殿堂樓舍以殿最爲尊貴。殿是供奉佛像、佛界諸神和瞻仰禮拜、誦經祈禱的處所；堂與樓舍是僧尼修行説法和生活起居的地方。通常所謂殿堂則是對佛寺內重要建築的總稱。殿堂因供奉的佛神不同分爲大雄寶殿、釋迦殿、七佛殿、三聖殿、無量佛殿、藥師殿、彌勒殿、毗盧殿、伽藍殿、文殊殿、普賢殿、觀音殿、地藏殿、羅漢堂等，因用途的不同又分爲舍利、藏經殿、轉輪藏殿、戒臺殿、洗心殿、禪堂、法堂（也稱講堂）、齋堂等。自《伽藍七堂》成爲建構佛教寺院的規範模式之後，山門、佛殿、法堂、方丈、齋房、浴室、東司（廁所）這七種使用功能不同的建築就被列爲佛寺必不可少的內容。

在以殿爲中心的佛寺布局中，殿堂樓舍另有前殿、正殿、後殿、配殿之分。前殿包括山門、天王殿、鐘樓與鼓樓一組建築；正殿由建在中軸綫上的大雄寶殿、法堂、藏經樓或藏經閣等建築組成；有時還建有被稱爲後殿的三佛殿、伽藍殿或毗盧殿；配殿則是指位于中軸綫兩側的一組殿堂，如伽藍殿、祖師殿、觀音殿、地藏殿等。由于佛教宗派供奉的佛和菩薩不盡相同，因此各個佛教寺院在前殿、正殿、後殿與配殿的種類配置上也是千變萬化。但是萬變不離其宗：天王殿、大雄寶殿、法堂、藏經樓（閣）作爲一種殿堂組合定式，始終設在佛寺的中軸綫上，因爲中軸綫是中國古代建築組群形態之本。軸不僅在中國古代世俗觀念中被認爲是宇宙萬物的主宰，起著穩定宇宙秩序的重要作用，而且也被佛教認爲是生命無休止輪迴的極軸，連接著融融樂土和冥冥地獄。東西配殿則依中軸綫在位置、體量、裝飾、排列上保持均衡對稱。通常東配殿爲伽藍殿，西配殿爲祖師殿；寺院的生活區設在中軸綫的左側（東側），建有僧舍、香積廚（廚房）、齋堂（食堂）、職事堂

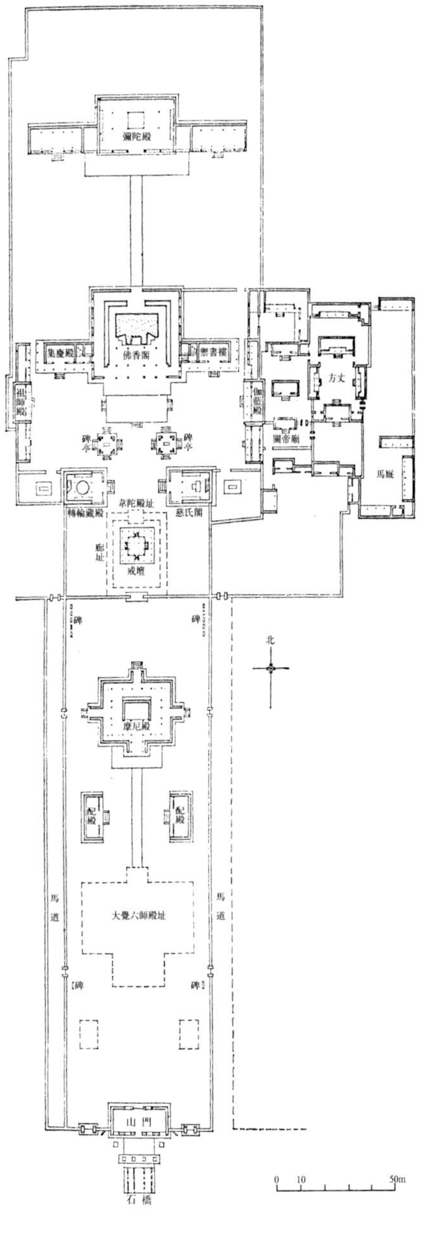

圖一一　河北正定隆興寺總平面圖

（庫房）、茶堂（接待室）等。中軸綫右側（西側）設禪房（也稱雲會堂），以接待四方香客。倘使佛教寺院的中軸綫因山形地勢必須呈東西向布局，其左右配殿和功能分區也仍然毫無例外地照此規定配置（圖一一）。

位于佛寺中軸綫始端的大門是山門。山門一般呈三門并立的形式，象徵著佛教中的『三解脱』，門爲券拱狀，分别稱作空門、無相門和無作門。因山門常建成殿堂式，故而又被稱爲山門殿或三門殿（如北京戒臺寺山門）。山門殿的規模不大，但它是劃分佛國與凡塵的界限，又是從凡塵通往佛國的空間過渡。有時山門僅蓋成三座券拱門洞或一座券拱門洞，有的佛寺則以四柱三門式牌坊作爲山門，甚至乾脆將山門和天王殿組合爲一體。

山門後面的第一重殿是天王殿。天王殿通常規模也不大，殿堂内空間布置緊凑，前後門相對。迎門處供奉彌勒佛，因彌勒佛是佛祖釋迦牟尼的繼承人，也稱『未來佛』。有的佛寺在天王殿内供奉的是彌勒佛的化身大肚子彌勒佛，或稱布袋和尚，撫膝袒胸，開口而笑。彌勒佛背後供奉護法神韋馱。韋馱面北而立，在最初宫塔式佛寺原本守護佛塔，改爲以殿爲中心的廊院式佛寺後，則面向大雄寶殿護衛釋迦牟尼。彌勒佛與韋馱塑像兩側分列著四大天王像，是佛教的四個重要的護法神。在建築功能上，天王殿屬于過殿，承接著從山門到大雄寶殿的空間過渡與變化，進一步加强著佛國聖境的宗教氣氛，引導著禮佛香客的情緒醞釀和精神升華。天王殿與山門、鐘樓、鼓樓圍合成一進庭院，鐘鼓樓均分置于高臺上，東側的鐘樓爲飛檐式或三檐無殿式，樓内懸挂洪鐘；鼓樓與鐘樓對稱，建築形式也與鐘樓相同。庭院内的建築高低錯落，虚實對比，在晨鐘暮鼓聲中營造了清新聖潔的氛圍。

佛教寺院内緊連天王殿的第二重殿是大雄寶殿。大雄寶殿主要供奉佛祖釋迦牟尼佛像。所謂『大雄』，是佛教對釋迦牟尼的尊稱，寓意佛祖有超人的大智力，如大勇士那樣一切無畏，擁有强大的神力能夠降伏群魔，因此供奉『大雄』釋迦的殿也就被尊稱爲『寶殿』。大雄寶殿在整個寺院的中心，建築體量最大，俗稱『大殿』。大雄寶殿與天王殿、東西配殿圍合成二進庭院，階前正中設大香鼎，兩旁各有石幢一座。大殿四周常立有功德碑，記載著歷代僧尼、施主或帝王、官宦修建寺院的歷史。東配殿多爲伽藍殿，供爲波斯匿王、祇陀太子、給孤獨長者三尊像，在禪宗寺院中，西配殿一般爲祖師殿，供奉其開山祖師。其他寺院西配殿的供奉内容則視本宗義理而定。

法堂也稱爲講堂，是演説佛法、皈戒集會之所，平時常用作佛事活動，在佛寺中是僅次于大雄寶殿的主要建築，因此設置在寺院的中軸綫上，排列在大殿之後。有的佛寺則將戒臺殿設置在此處。

佛寺中軸綫的最後一進是珍藏佛經的藏經樓、藏經閣。其建築形式通常爲兩層，下層供千佛，象徵衆佛結集會誦讀經；上層沿壁立櫃櫥安置藏經。另有一種是安轉輪藏的殿閣，稱爲轉輪藏殿，殿閣常爲兩三層高，通貫其中，地下設一個大轉軸，軸上安八面或六面大龕，龕上每面安抽屜儲藏佛經，且經龕可以轉動。然而這種轉輪藏殿祇有大寺方可見到，并且在組群形態中多置于中軸綫一側。如河北正定隆興寺的轉輪藏殿就設在中軸綫的西側，與慈氏閣對稱。轉輪藏殿爲二層重檐歇山頂木構，保存著宋代風格。

（二）北方佛教寺院中殿堂樓舍的建築造型

中國古代建築因等級制度限制而有大式與小式之分，北方佛教寺院中的殿堂樓舍和宫殿、陵墓、城樓、官署等高級建築一樣，同屬大式建築，在建築造型上較之民居、店肆等小式建築擁有更多的藝術手段，更加靈活便利。它們單體形態的三維空間由横向（面闊）、縱向（進深）和豎向（高度）構成，其中面闊取決于開間的數量，開間數量通常取奇數，面闊小則三開間，最多九開間，是佛教建築的最高規格；進深以三、四、五檩架居多，最多不過七架。建築高度按水平層自上而下有三分：上爲屋頂，中爲屋身，下爲臺基。臺基舒展，屋身端莊，屋頂出檐深遠，整座建築造型展示一種雄渾穩健、氣勢恢宏的藝術形象，以其深厚的歷史積澱和純熟的建築技法創造了自己特有的風韵。

殿堂是北方佛教寺院裏最具代表性的建築造型。殿堂建築無論規模大小都坐落在臺基上。臺基將木構和土墙高高抬起，除了具有防止地下水和雨水對建築構件浸害的作用之外，還有著特殊的宗教寓意。佛教寺院殿堂的臺基象徵著佛國聖境中心最高的須彌山，臺基或高或矮，或大或小，均視佛寺的規格、規模、組群需要而定，但是其象徵意義如一。佛教建築的臺基分須彌座和普通臺基兩大等次，以示高低貴賤之分。在現存佛教寺院中，臺基采用須彌座形式的建築見之于少量殿宇和大量佛塔。殿堂建築多爲普通臺基。其做法有磚砌臺明與滿裝石座兩種，臺階分位以單出陛正面踏跺的殿堂最爲常見，三出陛連三踏跺的殿堂也不乏實例。屬于敕建佛寺的大殿臺基前臺階常采用羅漢欄板（如北京潭柘寺大殿）和御路石（河南登封少林寺初祖庵）。有些大殿的殿身爲了取得壯大氣勢的藝術效果，在臺基的基座臺明部分還特意增加了月臺。如中國現存最古老的唐代佛寺殿堂五臺山南禪寺大佛殿，面闊僅三間，臺基前建有寬舒的正座月臺而不設欄板、欄杆，使臺基與屋頂上下呼應，顯得格外穩健壯觀。又如河南少林寺大雄寶殿、遼寧義縣奉國寺大殿、山西大同善化寺大雄寶殿、朔州崇福寺彌陀殿等規模較大的殿堂同樣采取了在臺明前加正座月臺的做法。許多建在山地的殿宇如五臺山佛光寺東大殿和河北承德殊象寺大殿，普遍采取巧藉地形，以石塊砌築高臺，高臺之上再築臺基，突出大殿的體量。北方佛教寺院在殿堂的臺基上一般都設置石欄，并非安全防護需要，而是藉以增强殿堂的藝術表現力。

殿堂屋身的顯著特點是由柱列、梁枋、斗栱等大木作構件組成建築的承重結構，而以山墻、檐墻、檻墻與廊心墻作爲圍護。外檐裝修主要是門窗格扇。殿堂的面闊、進深和出廊形式取決于柱列和梁枋的組合。在佛寺殿堂中，屋身立面的開間通常是位于正中的明間最寬，其餘各間相等。殿堂規模無論大小，或不出廊（如三開間的五臺山南禪寺大佛殿、平遥鎮國寺萬佛殿、七開間的五臺山佛光寺東大殿、文殊殿和大同上華嚴寺大雄寶殿），或衹出前廊（如三開間的五臺山龍泉寺大佛殿、山西沁源靈空山聖壽寺大殿、五開間的山西定襄洪福寺大雄寶殿和交城玄中寺大雄寶殿）。至于五臺山顯通寺大雄寶殿與萬佛閣龍王殿及獻殿采用周圍廊式的實例也爲數不少。殿堂屋身出廊形式的變化帶來了韵味不同的視覺美：無廊式殿堂由于厚重平實的墻體與輕盈修長的檐柱、玲瓏剔透的門窗格扇直接外露，映入眼簾，産生一種剛柔并濟、虚實對比的雄渾氣勢；前廊式與周圍廊式殿堂由于屋身同外檐柱列形成的柱廊增加了空間層次，并且産生了强烈的光影效果，豐富了殿堂形象，使殿堂展現出華美而莊重的氣派。佛寺殿堂屋身正立面樣式也不拘一格，除明間爲木板門或門格扇之外，兩側各間或爲實體墻，或爲門格扇，或爲窗格扇與檻墻，或梢間爲實體墻、次間爲門窗格扇，格扇雕飾圖案多種多樣。在殿堂的四個立面裏主次分明，正立面爲主要立面，裝修規格最高。然而當殿堂處于中軸綫上，可以從不同的視角鑒賞時，背立面與兩個山墻立面規格也就相應提高，要求形體完整無缺，裝修相互匹配。

殿堂的屋頂造型在佛寺建築中最富于表現力與感染力，典型地體現了中國古代建築的特徵。屋面凹曲，造型多變，出檐深遠，翼角騰飛，塑造了動勢極强的藝術形象。北方佛教建築的屋頂基本形式有廡殿、歇山、懸山、硬山和攢尖五種。在使用功能上，屋頂原本通過陡峭凹曲的屋面和深遠反宇的出檐起到排泄雨水、改善日照通風、保護屋身木構的作用，但是爲了表現屋頂審美的創意，常通過屋脊和屋面的靈活變化，以及單檐、重檐、三重檐多種組合，帶來屋頂形體乃至整座殿宇造型的無盡變幻，構成了優美豐富的藝術造型，而且擴大了屋身與屋頂的體量，增添了屋頂的高度和層次，增强了建築的宏偉感、莊嚴感。其中廡殿式爲四面坡屋頂，尺度宏大，形態穩定，輪廓完整，翼角起翹，舒張高揚，表現出宏偉的氣勢、嚴肅的神情、强勁的力度，具有突出的雄壯之美，故而在佛寺中用于品位最高的大雄寶殿等建築，意在表現佛的神聖偉大和法力無邊，從而激起禮佛者崇尚仰慕之情。如建于明代的太原崇善寺大殿曾是一座重檐廡殿頂（已毁），現存唐代的五臺山佛光寺東大殿、宋代的山東長清靈岩寺千佛殿、遼代的大同上華嚴寺大雄寶殿則均采用了單檐廡殿頂。歇山式屋頂呈『廈兩頭』的四面坡，形態構成複雜，翼角舒張，輪廓豐美，脊件最多，脊飾豐富，既有宏大、豪邁的氣勢，又有華麗、多姿的韵味，壯、麗之美兼而有之，在由嚴格的均衡對稱構圖創造的靜態美中巧妙地透出動態的美感，達到了和諧統一。這種形式的屋頂雖然等級品位次于廡殿式，但是却營造出瓊樓玉閣的意境，給人以遐想，更適于對佛國理想境界的追求，因而廣泛用于佛寺的主要建築。山西繁峙岩山寺金代壁畫再現了佛寺殿堂重檐歇山屋頂組群形象，而正定隆興寺摩尼殿就是宋代『重檐歇山四出抱廈』的現存實例。

由舒展的臺基、端莊的屋身和出檐深遠的屋頂所構成的佛寺殿堂千姿百態，蔚然壯觀，爲弘傳佛教文化和舉行各種佛事活動平添了許多撲朔迷離的神秘色彩。在這些殿堂建築的造型藝術中不乏精湛之作，有的建築已經成爲孤例。甘肅張掖的宏仁寺因塑有全國最大的室内卧佛，又稱卧佛寺、大佛寺。現存大佛殿平面呈長方形，面闊九間四十九米，進深七間二十四米，奇特的比例在佛教寺院中僅此而已。由于卧佛横長，殿堂面闊异常廣大，屋面除采用重檐歇山頂之外，又在下層加設一圈周圍廊，使得立面形成三重檐，并在二層做七間凹廊，造成大殿立面强烈的凹凸感，豐富了光影變化，大殿顯得氣勢恢宏。平遥鎮國寺萬佛殿屋頂翼角藉助層層疊疊的斗栱懸挑出五米之遠，位于其後的三佛殿分兩層設置，上爲木構檐廊式，下爲磚築窑洞式，以及五臺山顯通寺兩層磚券結構的歇山頂無量殿，也都在全國佛寺中罕見。

佛教寺院的樓閣是由殿堂建築演進而成的，因爲在重檐的基礎上建置重樓，或者在單檐之上建置重檐式的重樓，所以建築造型有了更大的靈活性，變得挺拔軒昂、華美瑰麗。

北京智化寺萬佛閣屬于廡殿二重樓；北京大鐘寺上圓下方的鐘樓和法源寺鼓樓、河北薊縣獨樂寺雙環相套柱網的觀音閣和大同善化寺上下屋檐相重的普賢閣等均屬于歇山二重樓；山西陵川崇安寺古陵樓、高平定林寺山門又屬于『三滴水』的歇山二重樓；山西太谷資福寺大殿則屬于『四滴水』歇山二重樓。多種多樣的樓閣點綴在寺院空間，大大豐富了佛寺組群輪廓，輔以蒼松翠柏、奇花异草，更增强了佛寺空間的感染力。

（三）北方佛教寺院中殿堂樓舍的建築裝飾

北方佛教寺院中殿堂樓舍的建築裝飾呈現著多樣性。主要表現在裝飾性很强的輕靈通透的小木作裝修和琳琅滿目的屋頂脊飾，通過外檐、內檐與天花藻井裝修的欞格、綫條、紋樣、雕飾、色彩、材質、飾件和屋脊獸吻等，豐富建築的外觀形象與室內空間。精緻的裝飾與大片的屋面、厚重的墻體、規則的柱列、平實的臺基之間形成的虛實、剛柔、輕重、綫面、粗細等構圖對比使佛教寺院的殿堂樓舍處處透著靈氣，增添了建築空間流通變換的意趣和佛教文化的底蘊。

宋遼之前佛寺的殿堂樓舍柱列和斗栱一般用材粗獷碩大，不加修飾，以其樸實無華的自然形體與材質表現雄渾、疏朗的結構活力。外檐門窗也多用實木板門或者直欞式、柳條式門格扇和窗格扇。此後柱列和斗栱逐步趨于華麗，特别是斗栱漸漸由承重構件變爲裝飾構件，明清時建造的佛寺更是極盡華麗之美，突出表現在殿堂樓閣的外檐翼角斗栱層疊多變，重彩描繪。門窗格扇的格心也都由直欞、柳條、方格、斜格向著繁瑣雕鏤發展。當然也有例外，如山西朔州崇福寺彌陀殿和河北淶源閣院寺文殊殿的外檐安裝有各種紋樣的門窗格扇、圖案就不下十數種，均爲直欞搭接組合而成。一些宋遼之前的佛寺殿堂樓舍，因歷代修葺的緣故，門窗格扇紋樣有了增減衍化，變得更加華貴，顯示出後世的藝術風格。山西洪洞廣勝寺上寺毗盧殿始建于東漢建和元年（公元一四七年），元代毁于大地震後重建，明清兩代曾多次修葺。現存門窗格扇紋樣已然是雕鏤極其精美的兩種六角形花飾，凹凸明顯，光影效果極佳。殿堂樓閣室內空間爲了取得高爽、深幽與神秘的氣氛，通常采用『露明』的做法，將內部的梁、枋、檁、椽暴露在外面而不做頂棚，使空間顯得高敞。這種裝飾手法在宋代之前頗爲流行。以後建造的殿堂樓閣在室內空間的處理上大量采用天花，以調整空間高度，區别主次。藻井作爲宮廷最高等級的天花裝修也被用于佛寺大殿。山西應縣淨土寺與渾源永安寺均建在金代，天花藻井裝飾可謂异曲同工。淨土寺大雄寶殿體量不大，爲單檐歇山頂，廣深各三間。殿内總計供奉九尊佛像，主尊釋迦牟尼，因此采用天花滿布，相應做出九個藻井，每尊佛像頂部的藻井均爲斗八方形，其中位于中央的主藻井設在殿宇的明間，和主尊佛像上下呼應，且特意設計一圈天宮樓閣簇擁著中央的二龍戲珠吉祥圖案。天宮樓閣以小木作裝修，做成小尺度的品字科溜金斗栱，分布在宮闕與天花藻井四周，金碧輝煌，异常瑰麗，成爲金代精緻的建築模型和工藝品，價值極高（圖版一一〇）。其他八個藻井周圍還做成扁六方形和菱形的横長藻井，深度稍淺，雕飾也比較簡單，恰到好處地起到了空間過渡和映襯作用。整個大殿的天花藻井以紅綠色調爲主，金色點綴其中，更强化了主次分明的室内空間，使之與佛像塑造配合默契，相輔相承。永安寺正殿藻井有四方和六方兩種形式，同樣采用小尺度斗栱、木製小殿和團龍圖案，裝飾雖不及淨土寺華貴，却仍不失精美。

殿堂樓閣屋脊裝飾在佛教寺院的建築裝飾中不可或缺。正脊與垂脊上的琉璃色彩和鴟尾瓦獸、山花懸魚等飾物的數量、大小、式樣無不表現著佛國諸神的等次、佛教寺院的規格、佛教建築的品位和文化情感的象徵。鴟尾又稱鴟吻、龍吻，一般均置于佛寺主要建築的正脊和垂脊，以其生動流暢的形象將殿堂樓閣裝點得格外富麗。屋脊上的仙人走獸均按奇數設置，栩栩如生的造型爲佛教寺院這片聖域平添了許多生機。佛寺中的僧舍和輔助建築不在殿堂樓閣之列，檐廊和室内裝飾也比較簡單，除外觀與殿堂樓閣組群風貌和諧，室内滿足使用功能需要之外，通常不做特殊的藝術處理。

中國佛教建築裝飾緣起于弘傳佛教和護衛佛法，其藝術構思賴于裝飾的題材與手法。它既有引導禮佛者崇佛瞻拜的功能，又有審美觀賞的藝術價值，佛教建築裝飾題材取決于宗教性的需要，體現著對理想化了的無欲的佛國世界的精神追求，然而所表達的内容和形式却往往滲透著世俗性，是對于現實生活的一種虚幻、朦朧的反映。這在佛教寺院殿堂樓閣的雕塑、壁畫、彩繪裝飾藝術上表現得非常鮮明。造像固然是傳播佛教文化的一種基本方式，但是當迷漫于整個殿宇室内空間的氛圍都是渲染佛國世界神秘意蘊的雕塑和圖像時，置身其中，自然會受到佛教文化的强烈感染。北方佛教寺院建築裝飾的題材大致有三類：一是描繪佛教故事；二是釋解佛教義理；三是反映社會生活。由于佛是佛教寺院雕塑表現的主題，因此佛、菩薩、羅漢和四大天王、金剛力士、天龍八部、二十八諸天等護法神一起被塑造供奉在殿堂樓舍裏。有的寺院中同時還塑有捐資造寺的供養人像，以示功德。

雕塑是表現佛教文化的主要造型藝術。它與佛教建築相互依存，渾然一體，共同承擔著弘傳佛教的功能。佛寺中常見的雕塑有石雕、磚雕、木雕、銅雕、泥塑諸種，裝飾手法又有圓雕、高浮雕、淺浮雕、彩塑、石刻、磚刻、木刻、銅刻等等。佛與菩薩的形像分爲坐、立、卧三種姿勢，以跏趺坐式居多，并以不同手勢表現不同神態：或説法，或禪定，或諦听，或靜思，或含悲，或微慍，或愉悦，大都是在特定情形下特定心緒的流露。羅漢的形象爲光頭，身著袈裟，脚穿芒鞋，頗似現實中的僧人，或坐或立較少拘束。護法諸神大多數采取立像造型，形象勇武威猛。有時在佛和菩薩的蓮花寶座上雕塑的護法力士尺度雖小，但形象豐偉，魁梧剛健，筋肉突出，富有力度，仿佛鼎立千鈞。中國的佛教雕塑尤其擅長背景描繪，以此烘托圓雕主像，使有限的殿宇空間無限延伸，達到意蘊的補充。然而像山西平遥雙林寺那樣以多達百分之七十的懸雕彩塑描繪背景却在中國并不多見（圖版一六一）。雙林寺數以千計的雕塑刻畫細膩，以形傳神，且以懸塑取勝，不乏傳世珍品，成爲國之瑰寶。一些在《淨土變》和《涅槃變》作品裏常見的畫面，如歌舞騰歡的伎樂、御空遨游的飛天、歡樂啼唱的仙鳥、飛捲流動的雲團、雲中飄浮的香花和不鼓自鳴的天樂等等，都在這座殿宇内得到重現。在北方佛寺殿堂樓閣的檐廊柱礎和雀替、挂落上，隨處都有蓮花、獅子、象、寶珠、金剛杵、佛教八寶物和世俗民風的雕刻。它們給人以審美感受的同時，更多的是喚起人們對佛的敬仰和對淨土的向往。

壁畫的裝飾效果同樣在于營造『佛國淨土』的意蘊，所不同的是壁畫藉助殿堂樓閣的内壁著墨潤色，以鳥瞰或散點透視法把每座殿宇裝飾得堂堂有畫，滿壁生輝。印度的佛畫藝術傳入中國之後，由寫實漸變爲寫意，構圖宏偉，意境奇妙，因此壁畫較之雕塑能夠給人以更加豐富的空間想象和意蘊感受。北方佛寺壁畫的主要内容有佛和菩薩的尊像畫、佛本生與佛本行故事、各種經變畫、傳統神話、中國佛教史迹畫和裝飾圖案、世俗社會生活等，表現形式基本是采用凹凸暈染和豐富多變、動感極强的墨綫勾描技法，達到了栩栩如生、呼之欲出的藝術效果，使其内在的生命力極大地具象，并與殿堂有限空間内的佛像雕塑相互映襯、烘托，造成禮佛者對于佛國極樂境界的聯想，産生由衷的頂禮膜拜之情。唐代畫家吳道子創作的壁畫《送子天王圖》和在長安菩提寺帶殿裏畫的《維摩變》就是傳世之作。畫面『天衣飛揚，滿壁飛動』，具有極其强烈的感染力。吳道子的壁畫有著濃郁的世俗化傾向，其畫風和技法對後世影響非常之大，從現存山西繁峙巖山寺菩薩殿内的壁畫可窺見一斑。

以匾額、楹聯、詩文與碑刻等藝術形式裝飾殿堂樓閣，是中國佛教建築有别于其他國家和地區宗教建築藝術的獨到之處。匾額和楹聯分别懸挂于殿堂樓閣的外檐、立柱，不僅對于渲染佛教文化氛圍起著畫龍點睛的作用，而且大大增添了佛教建築的宗教意識和文化品位。佛教寺院以釋解經法義理的佛門禪語爲其寺額者甚多，諸如南禪、華嚴、佛光、普化、崇善、淨土、原起、圓覺、顯通、法源、雙林、定林等等，而且匾額、楹聯常常蘊含著深邃的佛學哲理。歷史爲北方佛寺留下了無數墨寶，如顯通寺大雄寶殿的楹聯直述佛家情怀，上書『覺路廣開兮度無量無數無邊衆 生同離苦網；迷途知返矣願大雄大力大慈諸佛常轉法輪』。又如張掖大佛寺楹聯『一覺睡西天誰知夢裏乾坤大；雙身眠淨土祇道其中日月長』，以及銀川海寶塔寺天王殿楹聯『覺門大啓 浩浩獨超三界外；禪里宏揚巍巍高踞萬方尊』的聯語，也都令人在欣賞其藝術美的同時，對佛與佛法産生虔誠的崇拜心理。

五、佛塔、燃燈塔與經幢的建築藝術

佛塔、燃燈塔與經幢在中國是一類形態獨特的佛教建築，它們的主要特徵是以豎向軸綫爲基準進行均衡對稱的立體構成，其挺拔崇高之美同佛寺殿堂樓舍的端莊舒展之美形成了鮮明的對照。佛塔、燃燈塔與經幢原本不屬于土生土長的中國古代建築，東漢之前中國并没有『塔』的建築造型，衹是隨著佛教傳入中國，作爲佛教崇拜偶像的『舍利塔』纔在中國廣爲建造，而且獨自構成完整的體系。燃燈塔由舍利塔演進而成，經幢如同舍利塔一樣是東方古代象徵生命力的石柱崇拜物的一種變形，它們同屬宗教寓意極强的建築，以高雅的藝術格調烘托著佛寺殿宇的神聖。

（一）佛塔的起源、構成和種類

塔起源于古印度。塔的稱謂來自于由梵語和巴利語音譯的窣堵坡、塔婆、兜婆、偷婆、浮圖、佛圖等名稱。古代印度造塔用于安葬佛骨、佛牙、佛陀的遺物。因釋迦牟尼涅槃後佛骨火化變成『擊之不碎，色彩晶瑩』的圓珠，梵語謂之『舍利子』，故有舍利塔之稱。但是在信奉佛教的國度裏，造塔拜佛之風盛起，而佛舍利數量有限，于是出現了以其他物品代替舍利的做法。《如意寶珠經輪咒王經》規定：『若無舍利，以金、銀、琉璃、水晶、瑪瑙、玻璃衆寶造作舍利』。因此通常塔也被稱爲寶塔。最初印度造塔形如覆盆，

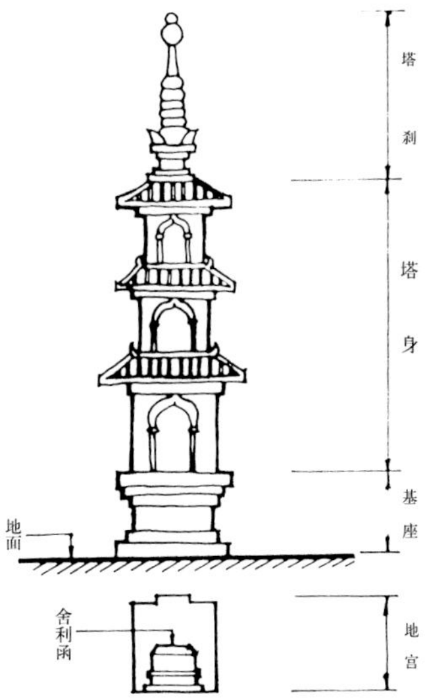

圖一二　佛塔構造示意圖

道道金盤環繞其上，層層收分遞進，向神秘蒼穹延伸，寓意佛陀崇高偉大，爲天地至尊至上。于是舍利寶塔作爲純粹意義上的宗教象徵爲世代僧尼和崇佛者所頂禮膜拜，形成佛教最重要的建築，位居佛寺的中心，統領全寺建築群。當佛教東傳時，塔也隨之傳入中國，在中國古代建築高層樓閣的影響下，不僅保留了珍藏舍利、供奉佛像和佛經的宗教功能，而且還增加了登臨遠眺的文化功能，塔的造型也由原始的石柱式崇拜物演進爲高聳挺拔的建築形體，從而取代了古老的覆盆式墓塔。古印度的塔稱爲窣堵坡，由臺基、覆體、寶匣、相輪四部分構成，形體極爲古樸。中國的佛塔則由塔基、塔身和塔刹三個基本部分構成，形象頗顯豐富，更具觀賞價值（圖一二）。

同窣堵坡相比，中國的佛塔在臺基以下增加了珍藏舍利的地宮。地宮設置在塔基正中的地面以下，大小無定制，因塔而异，大者設數重宮室，小者僅有立足之地，一般用磚石砌築而成，深達數米。地宮側壁留一門洞，有甬道與外界相通。現已發掘出的最大佛塔地宮位于陝西扶風縣的古刹法門寺。這座規模宏大的唐代地宮仿照皇室墓葬布局建成，設有臺階步道、平臺、甬道、前室、中室、後室和秘龕等。宮室以珍藏四顆佛指骨爲主，還有大量隨葬的金銀製品、瓷器、琉璃器、珠寶玉器和紡織品，雕刻、彩繪、墨書題記一應俱全。不難看出地宮作爲中國佛塔的特殊構成正是中國古代墓葬制度的縮影。

窣堵坡的臺基在中國佛塔中發展爲塔基和塔身。塔基是塔的基礎，唐代之前比較低矮，如陝西西安興教寺玄奘塔。唐代之後塔基形體趨于高大，分爲基臺與基座兩部分，表示對佛的尊崇。高聳突出的基座在結構上起著承托塔身的作用，在建築造型上對佛塔挺拔上昂之勢極盡烘托之美。特別是遼金時期密檐式佛塔的基座最爲華美精緻，基座大都采用須彌座形式。因須彌山是佛國世界中心最高的山，佛與菩薩均居住于此，故以須彌座寓示穩固和神聖，又增添了古塔的壯美風姿。北京天寧寺塔和山西靈丘覺山寺塔都是保存完整的實例。塔身是佛塔的結構主體。塔身形式因建築類型與建築材料差异而各有不同。常見的有木樓層塔身、磚壁木樓層塔身、木中心柱塔身、磚木混砌塔身、磚石塔心柱塔身和高臺塔身等等，塔身內部也有實心與空心之分。現存惟一的木樓層塔身是山西應縣佛宮寺釋迦塔（圖一三），其外觀五層而實則九層。陝西西安大雁塔則是磚壁木樓層塔身的代表。磚石塔心柱塔身是中國古代磚石結構發展到頂峰的產物，塔的主體結構均爲磚砌，結構複雜，塔中心自頂至底的大磚石柱與塔身外壁共同構成樓板承重構件。此類佛塔在北方的典型實例有河南開封祐國寺塔、河北定州開元寺料敵塔和景縣舍利塔。

在中國的佛塔中，原窣堵坡的覆體、寶匣和相輪體量相對縮小，集中置于塔頂之上，

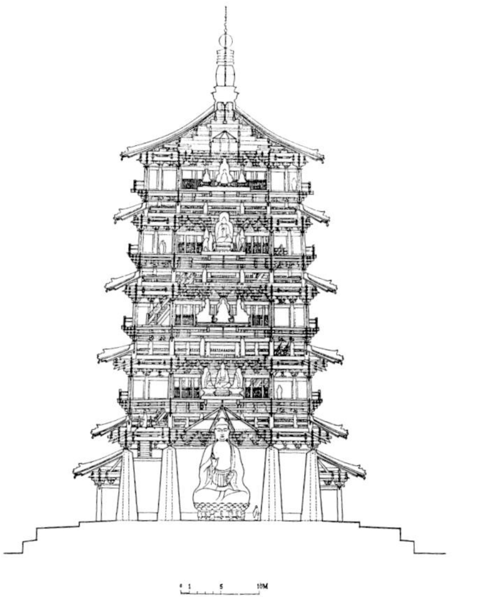

圖一三　山西應縣佛宮寺釋迦塔剖面圖

稱作塔刹。塔刹冠表全塔，象徵著佛國淨土，地位最爲崇高，因而至關緊要，通常做得十分高顯。塔刹也如塔一樣，分爲刹座、刹身、刹頂，形式多樣，藝術精美。塔刹作爲佛教精神崇拜的偶像，在其四周用金屬相輪框匝，表示巡迴九天。尖頂下安放寶瓶，瓶下基座呈蓮花托盤狀，象徵潔淨崇高。

中國佛塔造型高聳挺拔，直衝霄漢，具有一種升騰向上的氣勢，對于佛塔寓意的佛教精神崇拜意識賦予更加强烈的表現力，達到了宗教功能與建築藝術的完美統一。佛塔形象的創意積澱了中國傳統文化的深厚底蘊，更適合中國的宗教心理與文化心理，也爲登臨遠眺提供了便利。早在南北朝時期登塔攬勝已蔚然成風，唐宋之後尤甚。南北朝時期大文學家庚信在北周做官時曾寫過一首五言絶句《和從駕登雲居寺塔》：『重巒千仞塔，危登九層臺，石闕恒遮上，山梁作斗迴』，描寫了他在塔上觀覽山色的情景。這是對佛塔審美心理和造型意境的生動描繪。佛塔宗教功能與文化功能結合促使塔的結構隨之發生了顯著變化，塔内樓梯坡度趨向平緩，便于上下，平座挑出塔身，并設迴廊和勾欄，以供觀賞。這類可供觀賞的佛塔多見于木構樓閣式佛塔，典型實例當屬應縣木塔，傳説一次竟容納數千人登塔憑眺。在佛塔嬗變過程中，塔的功能日趨多樣化，最具代表性的河北定州開元寺料敵塔就是一座用于軍事瞭望和軍事防禦的舍利塔，塔高八十四米，登臨遠眺，方圓數十里内山川形勢盡收眼底，堪稱中國古塔之最。現存明長城榆林鎮凌霄塔與寧夏銀川西寺塔也都兼有軍事功能。明清以後，由佛塔派生出的燈塔、風水塔和文筆塔、文昌塔等已不再具有佛教功能，而是强化了塔的文化功能。

中國佛塔風格獨特，種類繁多，至今保存完好的佛塔還有三千多座，大都建在唐、宋、遼、金、元時期。塔的分類有多種方法：按其平面式樣分有四方形、六角形、八角形、十二角形、圓形等；按其竪向層次分，有單層塔和三層、五層、七層、九層、十一層、十三層等多層塔；按其組合形式分，有孑然而立的孤塔和排列有序的雙塔、三塔、塔林；按其空間造型分，有樓閣式塔、密檐式塔、亭閣式塔、喇嘛塔、金剛寶座塔、花塔、過街塔、傣族塔、九頂塔等等；按其建築材料分，有木塔、磚塔、石塔、銅塔、鐵塔、琉璃塔、陶塔、金銀塔等；按其佛教意義分，有珍藏舍利佛寶的佛塔與高僧的墓塔；按其佛教流派分，有漢式佛塔、藏式佛塔、南式（巴利）佛塔。各類佛塔林林總總，异彩紛呈，遍布大江南北，以其鮮明的藝術個性形成了熠熠生輝的空間景觀特徵，競相媲美。

（二）佛塔空間造型的景觀特徵

樓閣式塔是中國最重要的古塔形式，數量最多，分布最廣。它由高層木結構樓閣發展而來，塔頂保留了窣堵坡式塔刹，故樓閣式塔的建築形象有『下置重樓，上纍金盤』之説。自唐代開始，磚、石仿木樓閣式佛塔漸多，此後得以更大發展。樓閣式佛塔具有中國古代建築營造方法的顯著特徵，各層層高較大，均設門、窗、柱、枋和斗栱；塔檐挑起，反翹如飛，呈現向上挺舉升騰之勢，以舒展輕快的韵律表達了佛教所追求的崇高境界。樓閣式塔一般高達十三層，個別也有十五層。塔内中空，設有樓梯、樓板，以供登臨眺覽。北方的樓閣式佛塔以剛健著稱，形象巍峨挺拔，展示了粗放豪邁的雄風。現存全木結構的山西應縣佛宫寺釋迦塔和全磚石結構的河南開封祐國寺塔、河北定州開元寺料敵塔、涿州雲居寺塔、寧夏銀川海寶寺塔，都是具有典型空間景觀特徵的樓閣式佛塔的代表。

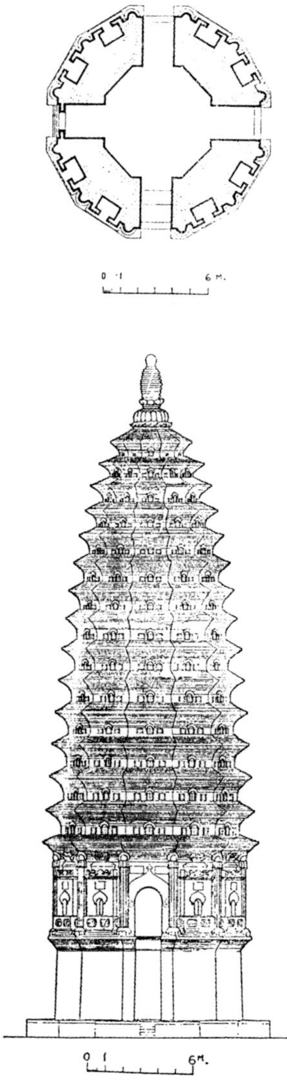
圖一四　河南登封嵩岳寺塔平、立面圖

密檐式塔第一層塔身通常格外高大，且在外壁多雕飾佛龕、佛像、門窗、柱枋、斗栱；其他各層層高漸小，塔身上下形成了强烈的對比。此類佛塔因塔檐重重疊砌，緊密相接，故各層之間無法開設門窗、設置柱枋和樓層結構。密檐式塔大都爲實心建築，不能登臨遠眺，縱然塔内設有樓梯可攀登其上，也不適宜眺覽。中國保存至今的最早密檐式塔是建于北魏正廣元年（公元五二〇年）的河南登封嵩岳寺塔。塔身均以磚石砌築，没有仿木檐椽、斗栱、瓦壟等構件，因而塔檐出挑短。佛塔外觀造型爲十二角尖錐體，輪廓圓潤、柔美，富有愉悦可親的魅力。此塔十二角，近乎于圓形，屬國内現存孤例（圖一四）。唐代的密檐式塔以陝西西安小雁塔和河南嵩山法王寺塔爲代表，其密檐式塔主體綫條直中有折，方正而有變化，各層外觀逐層收進；塔檐四角方中見圓，剛中帶柔，形象簡潔古樸；塔身雄壯魁偉，凝重高大。及至遼金，密檐式塔均爲實心塔，塔身下部較之唐宋密檐塔增加了形體高大而又雕飾豐富的須彌座；塔檐增加了斗栱、椽飛、瓦壟等仿木構件。整座佛塔空間景觀特徵繁複華麗極至頂峰。例如北京天寧寺塔、河北昌黎無影塔、内蒙古寧城遼中京白塔、遼寧朝陽鳳凰山雲接寺塔、義縣開福寺塔等等，均屬這一時期密檐式塔的杰作。

亭閣式塔是印度窣堵坡與中國古代建築中亭閣相結合的一種建築造型。其空間景觀特徵表現爲單層方形、六角形、八角形或圓形的亭閣，下建臺基，頂冠塔刹。亭閣式塔大多是單層塔檐，也有的塔頂加一小閣，上置塔刹，體量小巧，造型精緻。這種佛塔常常用作高僧墓塔。現存最早的亭閣式塔是建于隋代的山東歷城神通寺四門塔。此塔爲單層塔，塔高一五·○四米，通體全部用青石砌成。塔的平面作四方形，因塔身四面各對稱開設一個圓形拱門，是謂『四門塔』。四門塔塔身平直，上部略向内收進，并用石板疊澀出檐，頂部收成截頭方形錐體。塔頂有方形須彌座，中央安置相輪塔刹。塔内有石砌方形塔心柱，柱前各面分别有一個圓雕佛像。全塔除塔刹略帶裝飾外，其餘均爲素潔石塊構成，造型簡潔，古樸莊嚴。唐代的單層亭閣式塔很多，著名的有山東長清靈岩寺慧崇塔、三藏塔，河南登封會善寺淨藏禪師塔，山西運城泛舟禪師塔，北京房山雲居寺塔，山西五臺山佛光寺方便和尚塔等。唐宋之後，亭閣式塔雖也不少，但已向喇嘛塔和花塔發展，演化成爲另外一種類型。

金剛寶座塔屬于佛教密宗派佛塔，以禮拜五方佛爲主要内容，象徵須彌山。金剛寶座塔藉助了中國高臺建築的特點，并吸收了密檐式塔的建造方法，以磚石砌築而成。其空間景觀特徵是下爲高大的『金剛寶座』方臺，上立五座密檐式佛塔，在整體比例上加大了金剛寶座高度，相對縮小了五塔尺度。五塔分别代表金剛界五佛：中爲大日如來佛，東爲阿閦佛，南爲寶生佛，西爲阿彌陀佛，北爲不空成就佛。五佛的寶座分别是獅、象、馬、孔雀、迦樓羅（金翅鳥王），作爲識别五方佛的標志。金剛寶座和五塔的須彌座上都布滿了這五種動物的形象雕刻。金剛寶座塔在漢地發展緩慢，現存實例約十餘處，多爲明清遺物，主要有北京真覺寺金剛寶座塔、西黄寺清靜化城塔、碧雲寺金剛寶座塔，内蒙古呼和浩特金剛寶座塔，山西五臺山圓照寺金剛寶座塔和甘肅張掖金剛寶座塔等。其中北京真覺寺金剛寶座塔建造年代最早，空間景觀特徵最爲優美。

花塔的空間景觀特徵是在塔的上半部裝飾有巨大的蓮瓣，或是密布的佛龕、獅子、象、蛙等動物形象，或其他裝飾，看去整座佛塔形如一束巨花，因此被稱爲花塔。花塔最初發展由亭閣式墓塔開始，在單層亭閣式塔的塔頂上加上幾層大型仰蓮花瓣作爲裝飾。現存山西五臺山佛光寺的祖師塔就是初期花塔的實例。花塔是從亭閣式塔與樓閣式塔中嬗變而出，下層塔身一般比較高大，或者亭閣式，或者樓閣式，常常還雕刻有門窗、柱枋、佛像、菩薩、斗栱和塔檐。塔檐之上砌出形似巨花的塔身。花塔大都集中建造于遼金時期，至今保存數量很少。比較典型的是北京房山水落洞密檐式基礎的花塔。其他一些如山西太原蒙山日光佛塔、北京長辛店鎮崗塔、河北曲陽修德塔、正定廣惠寺花塔、井陘花塔等，也都具備鮮明的花塔景觀特徵。

在中國佛塔中，常常因其群體組合變化構成奇特的空間景觀特徵。如山西太原永祚寺雙塔和寧夏青銅峽一百零八塔都是北方佛塔群體組合的典型。永祚寺雙塔又名宣文塔，均爲八角十三層樓閣式磚塔。其中北塔各層塔檐以藍琉璃瓦鑲嵌，如道道翡翠玉帶環繞。南塔則不用琉璃裝飾。兩塔對峙屹立高崗之上，相映成趣，數百年來成爲太原古城的標志。一百零八塔是由一百零八座佛塔組成的古代塔群，依山傍水，隨山勢分階而建，自下至上由一開始，每行以奇數遞增排列，各塔造型相同，體態一致，排列有序，富有韵律，是中國塔群空間景觀的又一特例。

（二）佛塔雕飾造型的藝術魅力

中國早期的佛塔以木構爲主，南北朝時期發展了磚石塔，唐代則出現了銅塔與鐵塔，宋代又產生了琉璃塔、陶瓷塔。由于建築材料的變化，佛塔建築造型也相應變得愈加豐富，在保留其佛教寓意和基本形制的基礎上，塔的平面構圖出現了重大突破，最初四方形平面的樓閣式木塔逐漸演變爲六邊形、八邊形、十二邊形、圓形和十字折角形的磚塔、石塔、銅塔、鐵塔、琉璃塔。佛塔平面迭變帶來了佛塔藝術形象的千變萬化，或雄渾剛健，或鏗鏘挺拔，或輕盈秀麗，或剔透玲瓏。佛塔的色彩也更加豐富，或以暗灰色調爲主，平穩莊重；或以白色基調爲主，純清聖潔；或以繽紛色調爲主，雍容華貴。豐采多姿的佛塔構成了中國佛教建築藝術的綺麗景觀。

在現存中國佛塔中，雖然銅塔、鐵塔、金銀塔與琉璃塔、陶塔已是鳳毛麟角，但是均爲中國佛教建築藝術寶庫的珍稀之作。前三類塔爲金屬鑄造，後兩類爲陶土燒製砌築。銅塔、鐵塔和金銀塔因金屬强度大、鑄造時可塑性强的特點，塔壁較薄，塔身長細比較大，故而其表秀美，其骨剛勁，外觀形象尤顯高聳挺拔，氣勢巍峨。此類塔的塔身與塔檐鑄造往往异常精細，外壁多以高浮雕鑄成無數尊佛像，通體布滿雕飾，使佛塔的造型藝術與崇教禮佛氣氛在雕飾中得以完美地表現。山西五臺山顯通寺內的兩座銅塔鑄于明代，距今已有近四百年的歷史。其造型由喇嘛塔、樓閣式塔和亭閣式塔三種類型組合而成。在石刻基座上置一銅鑄喇嘛塔的窣堵坡，上面立一座十三層的仿木樓閣，樓閣頂端再加一重檐小亭閣。塔刹則立于亭閣的頂端。像這樣將三種不同古塔類型揉合在一起的造型風格，在中國古塔中實屬罕見。鐵塔在北方保存下來的實例已不多見，現存最早的鐵塔是廣州光孝寺內的東西鐵塔，保存完整的是湖北當陽玉泉寺鐵塔。金銀塔是供奉在佛寺堂內的塔，常采用鑲嵌、鏨花、垛堞等複雜的製作工藝，玲瓏剔透，富麗堂皇。如陝西扶風法門寺地宮裏的唐代方形亭閣式小金塔雖然塔高僅九厘米，但是各部分却精工細作，清晰可見，連塔頂上的瓦壟行列也都一清二楚，歷歷在目。琉璃塔和陶塔均采用陶土作原料，所不同的是琉璃塔用陶土燒製成的琉璃磚砌築，其建築工藝與磚石結構并無差別；陶塔則直接用陶土做成塔的胚胎燒製而成。琉璃塔因琉璃磚在陶土胚胎上塗有彩釉，故燒製成後呈現綠、黃、藍、紅、褐各色，使琉璃塔的色澤格外亮麗。現存最早最高的琉璃塔爲河南開封祐國寺塔。此塔建于北宋皇祐元年（公元一〇四九年），距今已有九百多年的歷史。祐國寺塔平面爲八角形，是一座十三層的樓閣式磚塔，總高五五·〇八米，外觀造型細長。塔身外壁用二十八種不同形式的褐色琉璃型磚鑲貼，型磚上塑有佛像、飛天、龍、獅、麒麟和寶相花等五十多種花飾，造型生動，閃爍生輝。祐國寺塔塔身通體爲紅褐兩色，遠望近似鐵色，因而又被世人稱作鐵塔。琉璃塔中色彩最華麗者爲山西洪洞廣勝寺飛虹塔。此塔也是八角十三層磚塔，塔身外壁、門楣、倚柱、欄杆、佛龕、斗栱均用黃綠藍色琉璃構件鑲砌，間砌佛像、力士、花卉、龍獸等琉璃型磚，極爲細緻華麗，在藍天白雲的映襯下，五彩繽紛，泛光流霞，猶如雨後彩虹。

（四）燃燈塔與經幢的建築造型藝術

佛教建築在中國傳統文化的培植下，大大拓展了宗教功能和建築造型，創造了風采萬千的藝術精品。燃燈塔和經幢就是從舍利塔演化而來的一種獨特的佛塔形式。

燃燈塔從南北朝開始興起，最初爲中國佛教寺院中的一種裝飾性構件，置于佛寺廣庭之中，藉以夜間點燃燈火照明，同時寓意佛法如明燈那樣照亮世間一切『冥暗』，表示佛法永存，于是燃燈塔便又有長明燈臺之稱。燃燈塔多取仿木石燈狀，基本由基座、燈室、寶頂三部分構成，塔的尺度與人體尺度相宜，塔高一般衹有數米。因中國古代并非所有佛寺均設置燃燈塔，燃燈塔保存下來也就爲數甚少，至今全國僅存三處。其中最古老的當屬山西太原童子寺燃燈塔。此塔于北齊天保七年（公元五五六年）爲弘禮禪師所建，高四·一二米。在平面爲六邊形基石上刻有圓形基座，座下雕六小柱，上部向內收進，做成束腰。束腰以上爲六角形平盤，與基座連成燈座，上建六角形燈室。燈室外壁和門額上均有雕刻裝飾。燈室之上寶頂覆蓋，檐頭微翹。整個建築造型凝重端莊。現存燃燈塔中體量最高的是建于唐代的黑龍江寧安興隆寺燃燈塔。此塔又名石燈幢、石浮圖，原高六·四米，因塔頂已殘缺，現高尚有六米。整座燃燈塔由塔刹、相輪、塔蓋、燈室、蓮花托、中柱石、蓮花座、底座等九部分組成。塔頂如同傘形，八角攢尖，刻有屋脊和瓦壟，細緻美觀。燈室爲八角體，鏤空雕刻成大、小窗口，與塔蓋相接處還雕刻出斗栱。蓮花座和蓮花托分别爲覆蓮式和仰蓮式，蓮花的花瓣紋飾清晰，造型美觀。山西長子法興寺燃燈塔也建在唐代，但是體量最小，造型最精緻，保存也最完整。此塔高約二米，最下面基石爲六角形，五層六邊形海棠疊澀形式的基座立于基石之上，并以六邊海棠形爲其束腰，基座與束腰豎向環周花瓣均做成凹形槽，上刻精美圖案。在基座上，塔身再用雕刻成的仰覆蓮承托燈室。仰蓮花瓣厚實舒展，尤顯飽滿碩壯；覆蓮荷葉薄翹捲曲，更透精雅靈氣。同一内容，兩種風格，加之上下體量大小的差异，使得仰覆蓮生機盎然，饒有情趣。燃燈塔燈室爲八角體，其中四壁開孔爲門，放射燈光，另外四壁皆爲仿木結構破子直欞窗。門洞處立柱、額枋外檐也爲仿木結構，柱頂影刻著一斗三升斗栱，形象有力逼真。塔頂則采用八角攢尖屋頂形式，上置寶珠蕉葉塔刹。法興寺燃燈塔總體比例適當，造型豐富美觀，通體上下有圓形、四方形、八邊形、橢圓形、六邊形、海棠形和仰覆蓮形等多種形體變化，在基座和塔身部分又有許多細微變异，于大小、粗細、虛實、厚薄、動靜等形態對比中達到了和諧統一。雖然燃燈塔在中國遺存的實物已經極少，但是其精湛的建築藝術和獨特的景觀形象當之無愧地名列國之瑰寶。

經幢是密宗興起後在佛教建築中增加的一種新類型，屬于祈福的佛教供物。通常以供奉彌勒佛爲主的佛寺僅在殿前建經幢一座，供奉阿彌陀佛和藥師佛的佛寺以兩座經幢或四座經幢立于殿前。經幢流行之初是在細長的木製幢身上刻寫經文，後改爲石製，但造型極爲簡單，僅在一石座上立一八角形幢身，幢身上刻寫經文，上頂爲石製仿瓦頂。到中唐之後淨土宗也開始建造經幢，數量漸多，造型隨之變得紛繁複雜。現今分散在山西境内的幾處經幢就是此類範例。潞城原起寺的經幢建造年代較早，屬唐天寶六年（公元七四七年）的遺物，是中國早期的經幢作品。造型簡潔，幢身爲八角青石柱，立于兩層凹刻著壼門簡單圖案的幢座上，幢身頂端以仿瓦屋頂收束。陀羅尼經文和建寺銘記刻在整塊幢身上，并無多少裝飾。五臺山佛光寺庭院内的兩座經幢分别置于東大殿和文殊殿前，建造年代均比原起寺經幢晚，造型明顯趨向繁複。其中東大殿前的經幢建于唐大中十一年（公元八五七年），幢高三·二四米，八角基石呈收分勢，承托著仰覆蓮須彌座，座上每面雕刻有壼門，束腰刻有六個獅子，八角幢身豎立在仰蓮之上，幢身上置八角寶蓋壓頂，寶蓋各豎向平面相接處共雕有八個矮柱，四面各雕坐姿佛像一龕。再上則爲蓮瓣寶珠。文殊殿前的經幢建于唐乾符四年（公元八七七年），幢高四．九米，采用八角須彌座，束腰八面，每面雕有伎樂一龕。青石八角幢身上密布經文鎸刻。經幢寶蓋雕飾八瓣山花蕉葉，內有覆鉢，上有寶珠。顯然這一時期的經幢更注重建築形體變化和細部裝飾。在漫長的歷史過程中，佛教中國化終于使原本以刻經文爲主的經幢逐步演化成以雕飾爲主的裝飾性和觀賞性很强的佛教建築，經文在經幢上所占位置却變得很小。這一時期經幢的建築造型不但逐漸采用多層形式，而且還以須彌座與仰蓮承托幢身，雕飾也日趨華麗，幢身上下布置了層層進退凹凸的檐蓋與托座，并在其上精雕細刻了許多佛教裝飾。經五代到北宋，經幢發展達到頂峰。如山西五臺山尊勝寺有一座北宋天聖四年（公元一〇二四年）建造的石雕八角三級尊勝陀羅尼經幢，高約六米，自下而上收分遞進，逐級高度遞減。第二、三級幢身各雕刻有坐姿佛像龕。須彌座雕飾雍容華美，三層寶蓋均雕以八角攢尖屋頂形式，瓦壟與仿木飛檐清晰可見，各級寶蓋之上皆以仰蓮爲托座承托幢身。經幢頂端置蕉葉寶珠爲刹。縱觀經幢通體建築造型，較之唐代經幢的尺度、比例更加適中，雕塑形象也更加精緻，處處給人美的韵味與美的享受。盡管如此，在現存諸多經幢中最具典型代表的作品，莫過于體量最大、形象華麗、雕刻精美的河北趙州開元寺陀羅尼經幢。經幢建于北宋寶元元年（公元一〇三八年），全部石造，高一六．四四米，幢身分三級，各級幢身以寶蓋和托座相互連接，逐級減小減低，呈收分之勢。經幢底層爲六米見方的扁平須彌座，其上建八角形須彌座和須彌山，以承托幢身。須彌座束腰均雕刻佛寶、法器、力士、仕女、歌舞樂伎等，姿態十分生動，而上層須彌座每面雕刻著廊屋各三間。再上以寶山承托幢身，第二、三層幢身則以寶蓋、仰蓮等承托。在第三層八角寶蓋上，環繞外檐立面精心雕作城墻和佛教中『太子游四門』的故事。幢頂作攢尖小屋狀并置寶珠刹，進而裝點出這一經幢凝重華貴、崇高神聖的藝術形象。

六、佛教建築中鑿崖爲寺的古老石窟藝術

石窟屬于佛教建築的一種特殊類别。它與佛寺和佛塔相比，在空間造型的景觀特徵上

差异極大。石窟不像佛寺和佛塔那樣以建築材料架構壘砌而成，而是將山崖石壁開鑿雕琢爲寺龕，故此又有石窟寺之稱。石窟寺因山崖與寺龕渾然一體，于大拙中見精巧，其宏偉壯觀的形象和精湛輝煌的藝術相互映照烘托，構成了鮮明的景觀特徵，産生出强烈的感染力和影響力。

石窟緣起古印度，是印度最古老的佛教建築形式。佛教傳入中國後不久，公元三世紀中國北方就已出現了仿照印度石窟建築的石窟寺。公元五世紀至八世紀的隋唐時期，隨著佛教文化的廣泛傳播和佛寺群系的蓬勃興起，劈山削崖、開窟造像之風盛行。遺存至今的著名石窟大都在這一時期完成，并且主要集中在北方地區。這一時期的石窟融合了中國傳統思想文化和古代建築木構形式，開鑿技術與建築藝術日臻成熟，顯現出北方佛教建築的諸多典型特徵。中國石窟的開鑿活動終止于明末，約在公元十六世紀。

（一）石窟的種類、形制及不同歷史時期的特色

印度石窟分『毗訶羅』與『支提』兩種。毗訶羅意譯爲寺廟，是佛教僧侶靜修之所。其形制較大，中央爲方形或長方形講堂，周圍崖壁鑿有許多一丈見方的小型石室，每室僅容納一僧。支提也稱制底，意爲塔廟，是佛教僧侶的禮拜殿堂。其形制較小，中心近後壁上留有崖柱一根，并雕琢成塔形。印度石窟傳至中國，雖然承襲了梵式流脉，但是其種類與形制却發生了嬗變。

中國的石窟寺有僧房窟、塔廟窟、佛殿窟、大像窟四種。僧房窟酷似印度的毗訶羅，窟中央爲大廳，大廳四壁下部開鑿成供僧人居住的石室，廳後部設一佛堂。僧房窟是僧人居住、修禪和集會之所在。塔廟窟猶如印度的支提形制，在僧人禮拜的殿堂内竪立中心柱，并將其雕琢爲塔形，通常又稱作中心塔柱窟。佛殿窟爲奉佛禮佛活動場所，一般在窟中雕出佛的形象，或在窟中壁上開龕，内置塑像。大像窟則是設置大型佛像的洞窟，即所謂摩崖龕像。各類石窟在同一石窟群系中數量不等，依山勢自然走向高低錯落，且各窟之間也不相通，石窟形制頗多變化，一些洞窟前尚建有多層木構樓閣，整個石窟群系景觀疑是鬼斧神工造就，氣勢磅礴壯美。窟内大小和形態各异的石室、佛像，以及繪製本生故事與佛教象徵物的壁畫組合在一起，構成了豐富的窟内藝術空間。

石窟的形制可按窟形和龕形劃分爲方形、中心柱形、圓形、圓拱龕、帳形龕、尖拱龕諸類。其中數量最多的形制是方形窟，即石窟主室平面布局爲方形。方形窟又包括單室與

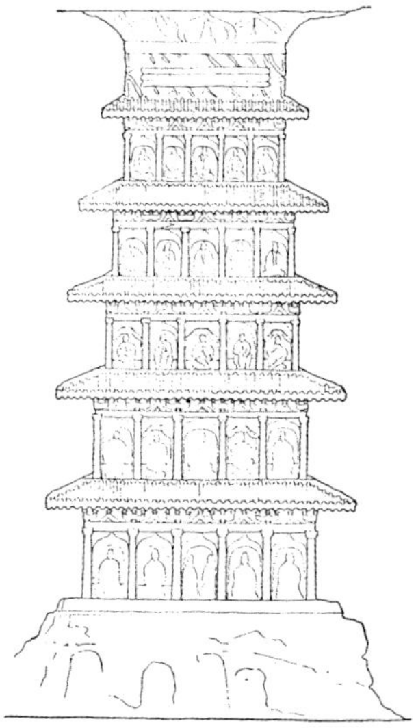

圖一五　大同雲岡石窟第二十一窟塔心柱

前後室兩種形制。單室石窟或成組設置爲毗鄰的雙窟，或不成組設置。雙窟的平面與立面形式相同，主室四壁前均設低矮寶壇，壇上設寶座，座上雕佛像，或在正面和左右兩側石壁各開佛龕，龕內塑像，呈三壁三龕式、三壁重龕式。窟頂則作覆斗式，窟門爲圓拱形。不成組設置的石窟主室一般祇在正面和左右兩壁設寶壇，上雕佛像，窟頂作覆斗式或攢尖頂，窟門多呈長方形。前後室石窟較之單室石窟在空間上産生了序列變化，其後室平面布局和窟頂形式雖與單室石窟大體相同，但在前室處理上却豐富了造型：前室窟門正面常雕有列柱，形成面闊三、五、六、七間仿木結構的殿廊，柱作八角形，上承一斗三升斗栱及人字形叉手，前室石壁尚有雕像和彩繪壁畫，例如山西大同雲岡石窟第十窟。有的前室面闊一間并不設柱，而是雕成仿木結構，如山西太原天龍山石窟第十六窟。中心柱窟的主室多爲方形，頂作覆斗式，在主室中央留有一塔形方柱，柱上刻層層壁龕與佛像，柱頂作覆鉢體狀，如雲崗石窟第二十一窟即屬此例（圖一五）。圓形石窟是中國石窟的又一種形制，其特徵是圓形主室，三壁前設寶壇，壇上列像，窟頂爲覆斗形或穹窿頂，窟門或爲圓拱龕形，或爲長方形。圓形石窟也同方形石窟一樣分爲單室和前後室兩種形制。石窟的佛龕依其外觀形象則有圓拱龕、帳形龕、尖拱龕之分。圓拱龕與帳形龕較深，但圓拱龕兩側通常設方、圓或八角形立柱，龕梁正中雕飾束蓮花圖案，梁端雕龍首或鳳鳥，上飾尖拱龕楣。帳形龕不設立柱、龕梁，其上部雕飾火焰寶珠，或火焰寶珠與蓮花相間，下部束帳幔或懸流蘇，垂至龕邊。尖拱龕較淺，有龕梁，梁端作漩渦狀上捲，上飾尖拱楣。

中國的石窟藝術在不同的歷史時期有著不同的特色。初期石窟與龕形尚無定制，均開鑿成橢圓形平面的大山洞，洞頂不加修飾地雕成穹窿形。洞窟前方設一門，門上與佛像頭部相近處鑿出一窗，以滿足窟內采光和瞻仰之需。洞窟後壁中央雕刻一座巨大的佛像，其左右雕有侍立的脅侍菩薩，兩側石壁同時雕刻許多小佛像。如大同雲岡第十六窟至二十窟均爲此例，其特徵是洞頂與壁面不做建築處理，窟內主像尺度特大，數倍于人體，造型偉岸粗獷，極富表現力，在有限的空間內矗立起足以令人傾倒的佛的無比崇高和神聖的形象，營造出頂禮膜拜的宗教氛圍。

中國石窟的形制在北魏時期漸成，窟內平面多采用方形和中心塔柱形，或設前後二室，或在窟中央設一巨大的中心石柱，柱上雕刻佛像。窟頂作覆斗形或穹窿形、方形、長方形。窟內四壁布滿精湛的雕像或壁畫，除佛像外，還有佛教故事及建築、裝飾花紋等，如大同雲岡石窟第九窟前室就是一處典型的代表作。在空間布局上，由于窟內主像尺度縮小，注意到與其他佛像相互協調，因而賓主分明，恰當適度，使內部空間顯得比較廣闊。

窟的外部多雕有火焰形券面裝飾的門，門以上開一方形小窗。有些石窟在洞窟前部開鑿具有列柱的前廊，造成木構殿廊形式的外觀風貌，同時窟內使用覆斗形天花，在壁面的雕像外增加各種形式的龕。個別石窟則在洞窟外雕刻有門罩，或在石壁上浮雕柱廊，體現出印度石窟中國化的特徵。例如甘肅天水麥積山石窟第四窟即有七佛閣的俗稱，石窟前廊面闊七間，長三一·五米，方形列柱高八·八七米，上置櫨斗，承受檐額，而櫨斗口內有梁頭伸出，以上刻有廡殿式屋頂，正脊兩端各置有鴟尾（圖一六）。又如太原天龍山石窟第十六窟前廊面闊三間，八角形列柱置于雕刻成蓮瓣的柱礎上，柱子比例瘦長，且有顯著收分，柱上的櫨斗、闌額和額上的斗栱比例與捲刹均十分準確。柱廊高度與寬度以及柱廊後面的窟門比例都恰到好處（圖一七）。由此可見石窟藝術中國化已達到相當完善的程度。北魏後期的石窟形制主要是繼用雲岡曇曜五窟的馬蹄形平面、穹窿頂形式，另一種是方形平面、平頂略圓、後壁鑿壇、左右壁大龕的形式。

隋代的石窟形制基本與南北朝相仿，多數有中心柱，也有將中心柱改爲佛座，石窟前廊列柱逐漸被木構多層樓閣所代替。中國的石窟藝術及至唐代達到頂峰，鑿窟地區由華北

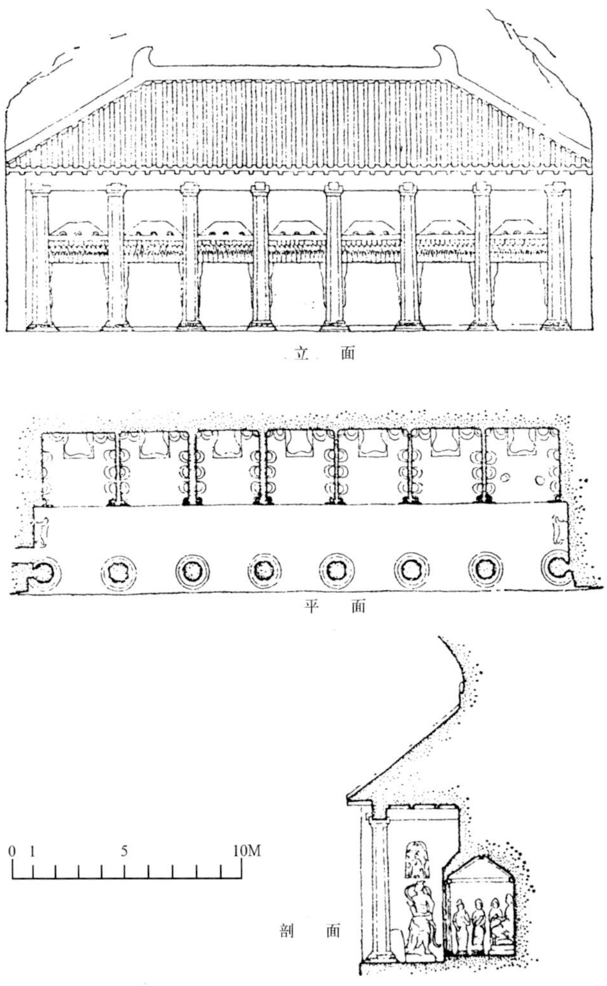

圖一六　甘肅天水麥積山石窟第四窟原狀想象圖

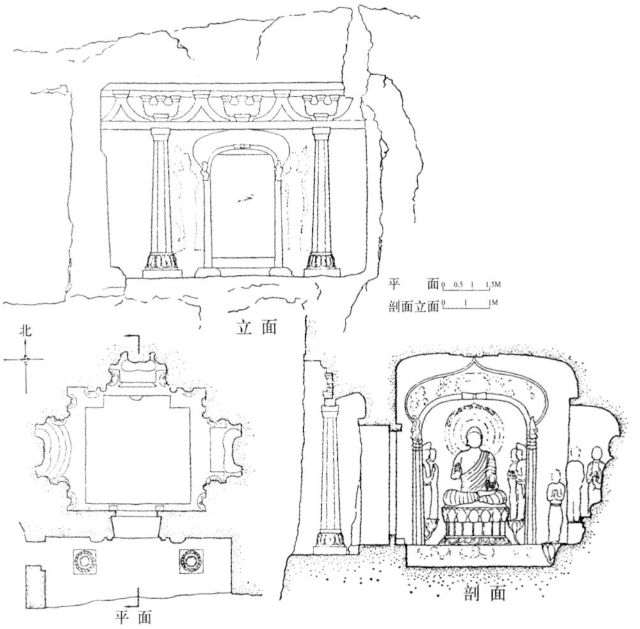

圖一七　山西天龍山石窟第十六窟平、立、剖圖

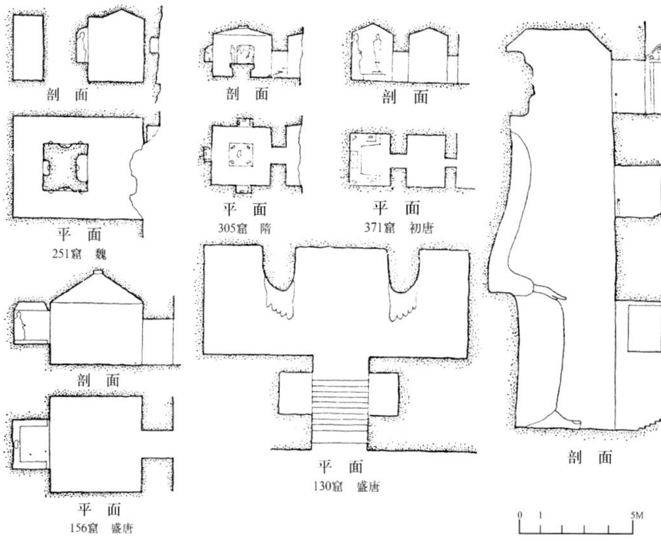

圖一八 甘肅敦煌石窟形制示意圖

擴展到四川盆地和新疆，主持者由帝王貴族到一般庶民，藝術上與民族文化、地域風俗交融整合，創造出了成熟的中國佛教藝術。這一時期主要石窟分布在敦煌和龍門。營造規模也由容納高十七米巨像的大窟到高度僅三十厘米乃至二十厘米的小浮雕壁像。唐代石窟絶大多數已不用中心柱，初唐盛行前後二室制度，前室供人活動，後室供佛像；盛唐之後則改爲單座大廳堂，衹有後壁鑿佛龕容納佛像，更接近于一般寺院大殿的平面（圖一八）。此外，敦煌、龍門和陜西邠縣（彬縣）、河南浚縣、四川樂山等處開鑿的摩崖大佛像也是唐代之前所未有的，這些大佛像都覆以倚崖建造的多層木構樓閣，在石窟藝術上獨具特色。

（二）北方佛教石窟的分布、形成與藝術風格

中國古代營造佛教石窟活動的地域主要在北方。因受佛教東傳和南北朝、隋唐政治文化的深刻影響，北方佛教石窟不僅分布地區廣泛，而且規模和數量都極爲浩大。最著名的龜兹石窟、涼州石窟、敦煌石窟、麥積山石窟、雲岡石窟、天龍山石窟、龍門石窟、響堂山石窟等也都集中在新疆、甘肅、山西、河南、河北等地區。

印度佛教沿絲綢之路傳入中國，新疆地區最早接受了佛教的洗禮。從西域到中原，石窟藝術的流變呈現出漢民族中原文化對印度佛教文化的逐步接納、融合及改造。在新疆出現的中國最早的石窟就是克孜爾石窟，連同庫木吐喇石窟、克孜爾朵哈石窟和森木塞姆石窟一起，共同構成了龜兹石窟體系。這一石窟體系代表著西域佛教藝術，也稱龜兹佛教藝術。其中最具代表性的石窟當屬位于拜城縣東南六十餘公里的克孜爾千佛洞。千佛洞始鑿于公元三世紀末至四世紀初，現存洞窟二三六個，是南疆規模最大的石窟群。克孜爾千佛洞的石窟形制沿用了印度石窟的毗訶羅和支提形式，衹是在後者中分列出一種『大像窟』。毗訶羅的數量衆多是這一地區石窟的顯著特點。支提窟則是僧侶禮佛觀像和講經説法的殿堂，故克孜爾千佛洞的塑像和壁畫均繪塑于此，爲石窟精華之所在。支提窟最常見的形制爲長方形平面，前室稍後部分鑿出中心方柱，柱的正面鑿一大龕，内塑佛像。中心柱兩側各開一甬道進入後室，後室後壁鑿出涅槃臺，上塑涅槃像。大像窟的數量較少，前室鑿摩崖露天大龕，龕内塑像。室内左右側壁也有數列塑像。兩旁開甬道，甬道後開横券頂或盝頂的後室，後壁有長條形的石臺，爲塑大涅槃像之處。在這些石窟中廣泛運用了多種多樣的菱形畫格以及裝飾性很强的大色塊對比，藝術風格富有鮮明的民族和地區特色。

龜兹佛教藝術所表現的氣氛有著濃鬱的苦修色彩。

西域佛教藝術傳至玉門關内，形成了涼州佛教藝術。代表涼州佛教藝術的石窟大都集中在甘肅武威天梯山、肅南金塔寺、酒泉文殊山千佛洞等地，其風格表現在大量開鑿方形或長方形的塔廟窟，窟内有每層上寬下窄的中心塔柱，有的塔廟窟設置前室，主要供奉釋迦牟尼、交脚彌勒菩薩、十方佛和阿彌陀三尊等。佛菩薩均深目高鼻，面相渾圓，身健體壯，西域風貌十分顯著。

敦煌是玉門關内一大重鎮，舉世聞名的敦煌石窟營造活動歷經北魏、西魏、北周、隋、唐、五代、宋、西夏、元等朝代。由西域傳來的石窟藝術在這裏更多地融入了漢民族中原地區文化的因素，從窟形、建築遺存和壁畫内容的沿革到形象的創造都形成了獨特的敦煌佛教藝術風格，標志著西域佛教藝術向中原佛教藝術的重大轉折。莫高窟就是敦煌佛教藝術的典型範例。它面臨綠洲，背依沙漠，沿鳴沙山東麓斷崖分布著四九二個洞窟。洞窟形制既有毗訶羅式、中心塔柱式和大佛窟，又有覆斗式、涅槃窟、背屏式窟，但以中心塔柱式、覆斗式和背屏式爲主。中心塔柱式窟形是北魏時期的典型形制，洞窟内空間被一個雕有佛龕的中心方柱分作兩部分，前部面積稍寬，約占三分之二，窟頂做人字形仿木天花，四壁以彩繪渲染和烘托宗教氣氛。覆斗式石窟是隋代石窟的基本形制，多取方形平面，窟頂爲四角斜上的倒置方斗式天花，空間較爲開敞，崖壁開鑿規整，爲隋代發展起來的佛教壁畫，如『西方淨土變』、『東方藥師變』等大型經變畫的施展提供了條件。背屏式石窟屬于五代和宋代石窟的主要窟形，一般規模較大，在佛壇背後正中位置鑿出一面石壁，石壁上彩繪背景，襯托石壁前的主像。敦煌莫高窟中還有爲雕刻大型佛像而將上下數個窟室聯通的多套空間形成的大佛窟。莫高窟内的壁畫面積多達四萬五千平方米，彩塑也有二四一五尊，而且早期的壁畫與彩塑内容簡單，主要是常見于龜兹石窟的佛傳、本生、因緣故事和彌勒像，人物造型依然面相渾圓，直鼻薄唇，肢體粗壯，表情沉穩恬靜，表現技巧上沿用了印度的『凹凸法』，以土紅色烘托温暖忱厚色調。晚期壁畫和彩塑内容豐富，在中原文化裏常見的東王公、西王母、伏羲、女媧等漢民族傳統題材故事畫已經出現，表現手法則更注重于寫實，人物形象的繪製和塑造也改作長圓面龐，平眉秀眼，顯得神態大方恬靜，風骨飄逸。特别是壁畫中出現了佛寺、佛塔、宮殿、住宅、城闕、橋梁、亭閣、舞臺、監獄、墳墓等等各種類型的中國古代建築樣式，展示了不同時期建築的演變情況；建築細部，如斗栱的變化、屋檐的起翹等也都表現得惟妙惟肖。

麥積山石窟同敦煌石窟一樣也是經過北魏和隋、唐、宋、明數代營造而成，共一九四個洞窟、七千八百多尊泥塑和石雕佛像、九百多平方米壁畫。它的建築藝術風格呈現出兩個顯著特色。在石窟群系的總體布局上將所有的洞窟置于麥積山山體陡岸，最高的石窟距地面達五十米以上，而且在各個石窟之間架設大量飛橋棧道，如萬仞天梯懸于山崖峭壁之上，藉以聯係交通，構成了奇特的景觀。不僅如此，在石窟建築的開鑿上還大量吸收了北魏時期的建築文化，運用石刻表現中國古代殿堂風貌。諸如第三十窟從殿前的八角形石柱，到柱頭上托起的大斗，斗間挑梁，梁上架設橫楣，搭椽蓋瓦，直至屋頂正脊上高翹的鴟尾，形象刻畫得都异常完整。第四窟仿木結構的七間八柱崖閣所展現的就是北周大型佛殿的式樣，而第五窟三間外廊式石窟的柱頭、斗栱、人字栱和梁頭又是隋代大型建築檐部結構的真實寫照。第四十三窟廊檐柱頭上充滿宗教意蘊的石刻蓮瓣、火焰寶珠浮雕，以及柱身上的束蓮形雕飾，也都再現了當時佛教寺院的建築裝飾藝術。

在佛教石窟開鑿時間上，自佛教傳入中國後，大同雲岡石窟可謂新疆以東最早出現的石窟群系。這一石窟群系集中建于北魏時期，前後共六十二年，是當時北方佛教石窟的典型模式，曾對敦煌石窟和龍門石窟藝術的形成産生過重要影響。大同史稱平城，曾爲北魏都城，故而大同雲岡石窟作爲皇室開窟造像之地，其石窟形制和佛教建築形式集中地反映了北魏石窟藝術風格。初期的石窟以曇曜五窟爲代表，均圍繞佛像本尊開鑿大像窟，窟壁雕繪背光、千佛，佛像的相貌身態與衣紋造型既體現著印度風俗，又顯現出拓跋游牧民族粗獷、健康的氣魄。中期石窟窟形普遍開始演化爲『佛殿窟』和中心柱式的『塔廟窟』，石窟形制、雕刻與壁畫的題材、藝術風格等均向建築化和中國漢民族傳統形式發展，甚至連佛像也改換褒衣博帶式服飾，反映了拓跋族漢化的特徵。現存最完整的第九、十雙窟即屬典型實例。洞窟爲前廊後室布局，面闊三間，内爲兩個方形窟室，外呈六間廊柱立面，廊柱雖已嚴重風化，但柱頂櫨斗、闌額、斗栱、人字補間和屋頂瓦壠痕迹至今依稀可辨。雲岡石窟後期的開鑿則多爲小型洞窟和布局多樣化的小壁龕形式，窟内趨于方整。最常采用的有塔洞、千佛洞、三壁三龕式和三壁重龕式。佛與菩薩的面型也趨削瘦，長頸削肩，服飾已全部漢化。

直接受雲岡石窟藝術影響而産生的洛陽龍門石窟，在中國佛教石窟藝術的形成中起著極爲重要的承啟作用。龍門石窟最早與雲岡中期的石窟同時開鑿，北魏孝文帝遷都洛陽後，由于皇室貴族的鼎力推動，開窟造像活動愈甚。此後洛陽歷經數代多次作過國都，因而龍門石窟的窟形、雕刻和壁畫加速了漢化進程，基本成爲漢民族的藝術形式，其佛像和裝飾也突出地體現爲漢民族宮廷和社會生活的審美觀念。龍門石窟群系早期作品的藝術風格與雲岡石窟中後期石窟相銜接，但已有很大差异。在石窟形制上雖有大像窟、造像龕和露天的交脚彌勒像龕，却没有了雲岡石窟那種瑰麗宏偉的外觀和前後室的空間變化，也没有了内容豐富、布局生動的壁面雕刻。簡潔的窟室、嚴謹的布局和單純的内容構成了這一時期龍門石窟的最大特點。龍門石窟爲數衆多的屋形龕從不同内容、不同側面、不同角度刻畫了漢式傳統建築，并且出現了運用透視技法表現建築物的正面、側面和周圍臺階、踏步、欄板立體形象的浮雕壁刻，尤其龕楣上淺平浮雕精細入微，生動優美，透出了楚漢飄逸灑脱的靈氣。窟内佛像固然承襲了雲岡石窟造型秀骨削瘦、表情明快的形象，但寬袍大袖的服飾增添了佛像的儒雅之風。龍門石窟在藝術風格的嬗變過程中與佛教寺院藝術逐步趨同，將蓮花、忍冬和聯珠紋樣的圖案廣泛用于石窟的頂部雕飾與地面處理，甚至雕蓮花藻井和佛像蓮瓣寶座，表現宗教主題。龍門石窟開鑿的鼎盛期時值初唐，伴隨佛寺群系的勃興，石窟開鑿規模急劇增加，對中唐和晚唐石窟的營造産生了深刻影響。龍門石窟歷經數代建成，而唐代窟龕竟占三分之二之衆。特别是唐高宗和武則天在大唐帝國的東都洛陽開鑿了高二十米的奉先寺摩崖造像龕，藉以表達大唐君臨天下萬國的理想帝王之美，至今仍是龍門石窟的鮮明標志。初唐時因受求法風氣影響，造像尺度巨大，形態匀整，造型圓滿端莊，且創造佛與菩薩等佛界諸神群像，仿照世俗社會宫廷内君臣禮序排列位次，將帝王至尊的威儀和崇尚的理想融入了佛教藝術。龍門石窟中所雕塑的佛與菩薩均取坐姿，安置在須彌座上，主佛座的束腰周圈雕飾托重力士，菩薩座束腰雕飾壼門，都采用了當時佛寺雕飾中最時尚的高規格做法。唐代石窟藝術所展示出的古典美，在繪就中國佛教建築藝術長卷中落下了濃墨重彩的一筆。

由北魏至唐代，北方佛教石窟藝術風格的發展流變在太原天龍山石窟、河北響堂山石窟與河南鞏縣石窟中也都有著數不勝數的例證。所有這些石窟藝術爭奇鬥妍，絢麗多姿，創新出了各種風格，與佛寺、佛塔建築藝術相互輝映，相得益彰，爲今人留下了無數精美絶倫的藝術品。由它們共同構成的中國佛教建築藝術寶庫舉世無雙，爲中華民族的燦爛歷史文化增添了瑰麗的篇章。

主要參考書目

杜繼文主編・佛教史・北京：中國社會科學出版社，一九九一年十二月

黃卓越主編・中國佛教大觀・哈爾濱：哈爾濱出版社，一九九四年二月

劉敦楨主編・中國古代建築史・北京：中國建築工業出版社，一九八〇年十月

張弓著・漢唐佛寺文化史・北京：中國社會科學出版社，一九九七年十二月

姜曉萍編著・中國傳統建築藝術・重慶：西南師範大學出版社，一九九八年七月

孫大章主編・中國古今建築鑒賞辭典・石家莊：河北教育出版社，一九九五年二月

徐湘霖著・淨域奇葩・成都：四川人民出版社，一九九五年四月

張連成・孫學雷著・古代佛寺・大連：遼宁師範大學出版社，一九九六年十月

佟洵主編・佛教與北京寺廟文化・北京：中央民族大學出版社，一九九七年十二月

李玉明主編・山西古建築通覽・太原：山西人民出版社

羅哲文古建築文集・北京：文物出版社，一九九八年三月

羅哲文著・中國古塔・北京：外文出版社，一九九四年四月

圖版

一　白馬寺

二　白馬寺大雄殿

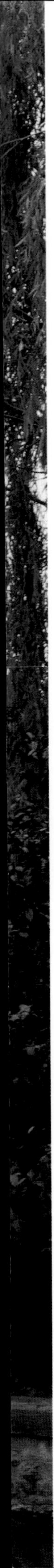

三　齊雲塔

四　南禪寺大殿

五　南禪寺大殿唐塑

六　佛光寺

七　佛光寺東大殿翼角

八　佛光寺東大殿内槽空間

一一　佛光寺文殊殿內人字栱梁架

一〇　佛光寺東大殿唐代壁畫

九　佛光寺東大殿外槽空間

一二　佛光寺明代鐵鐘

一三　佛光寺祖師塔

一四　五臺山佛寺建築群

一五　五臺顯通寺鐘樓

一六　顯通寺大雄寶殿

一七　顯通寺大文殊殿

一八　顯通寺無量殿

一九　無量殿内部空間

盧舍那佛

多宝佛木塔

二一　顯通寺銅塔

二〇　無量殿内十三層多寶木塔

二二　顯通寺禪堂雲板

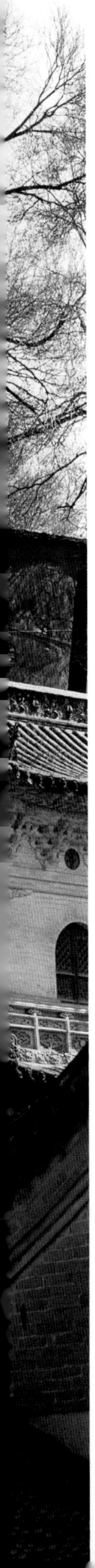

二三　顯通寺銅殿

二四　顯通寺菩薩頂寺前石階、牌樓

二五　塔院寺大白塔

二六　萬佛閣龍王殿及獻亭

二七　五臺廣宗寺

二八　金閣寺觀音閣

二九　金閣寺大悲閣佛像及殿堂藻井

三〇　五臺尊勝寺

三一　尊勝寺宋代經幢

三二　尊勝寺藏經閣

三四　玄中寺大雄寶殿

三三　玄中寺

三五　天臺庵

三六　鎮國寺萬佛殿

三七　萬佛殿屋頂翼角

〵 萬佛殿彩色
塑像（一、二）

三九　鎮國寺三佛樓

四〇　嵩岳寺塔

四一　神通寺四門塔

四二　慈恩寺大雁塔

四三　香積寺善導塔

四五　歷城龍虎塔

四六　歷城九頂塔

四四　薦福寺小雁塔

四七　周至八雲塔

四九　興教寺塔

四八　靈岩寺慧崇禪師塔

五〇　草堂寺鳩摩羅什塔

五一　草堂寺『唐故圭峰定慧禪師碑』

五二　草堂寺唐碑拓片（局部）

五三　泛舟禪師塔

五四　平順大雲院唐代石刻七寶塔

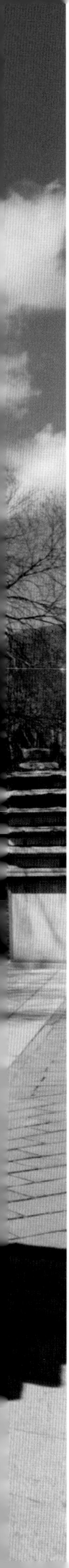

五五　雲居寺石塔

五七　雲居寺雷音洞

五六　平順龍門寺經幢

五八　潭柘寺

五九　潭柘寺山門前牌樓

潭柘寺

六二　潭柘寺大雄寶殿

六一　潭柘寺鼓樓

六〇　潭柘寺山門（前頁）

六三　潭柘寺大雄寶殿橫額

六四　潭柘寺毗盧閣

六五　潭柘寺石魚

六六　隆興寺

六七　隆興寺摩尼殿

六八　摩尼殿内部空間

六九　隆興寺大悲閣

七〇　大悲閣内大悲菩薩像與梁架

七一　隆興寺轉輪藏閣

七二　轉輪藏閣内部空間

七三　隆興寺戒壇

七四　毗盧寺

七五　毗盧寺佛教壁畫——引路王菩薩

七六　青蓮寺

七七　青蓮寺釋迦殿

七八　定林寺山門、天王殿

七九　開化寺山門

八〇　開化寺大雄寶殿

八二　繁塔細部

八一　開封繁（pó）塔

八三　開元寺塔

八四　開封祐國寺塔

八五　祐國寺塔入口裝飾

八六　祐國寺塔局部（一、二）

八七　無邊寺塔

八九　敦煌城子灣花塔

八八　原起寺宋塔

九〇　靈岩寺辟支塔

九一　蒙城興化寺塔

九二　崇覺寺鐵塔

九三　趙州陀羅尼經幢

九四　陀羅尼經幢幢頂細部

九五　陀羅尼經幢幢身細部

九六　陀羅尼經幢基座細部

九七　獨樂寺觀音閣

九八　獨樂寺觀音閣内景

九九　奉國寺

一〇〇　奉國寺大雄寶殿檐柱斗栱

一〇一　華嚴寺上寺

一〇三　華嚴寺上寺大雄寶殿鴟吻

一〇二　華嚴寺下寺

一〇四　華嚴寺下寺薄伽教藏殿拱形樓閣

一〇七　善化寺普賢閣

一〇五　善化寺

一〇六　善化寺大雄寶殿

一〇八　崇福寺彌陀殿

一〇九　彌陀殿阿彌陀佛像

一一〇　應縣淨土寺大雄寶殿天花藻井

一一一　嚴山寺壁畫

一一二　農安遼塔

一一三　萬部華經塔

一一五　寧城遼中京白塔

一一四　慶州白塔

一一六　佛宮寺釋迦塔（應縣木塔）

一一七　釋迦塔局部

一一八　釋迦塔内空間

一一九　覺山寺塔

一二〇　天寧寺塔

一二一　天寧寺塔塔身雕刻

一二二　崇興寺雙塔

一二三　雲居寺北塔

一二四　天寧寺凌霄塔

一二五　圓覺寺塔

一二六　廣惠寺華塔

一二七　鳳凰山雲接寺塔

一二九　遼陽白塔

一二八　萬佛堂華塔

一三〇　昌黎影塔

一三一　廣化寺大雄寶殿

一三二　趙州柏林寺塔

一三三　龍泉寺大殿

一三四　崇善寺大悲殿

一三五　崇善寺明代布局圖

所有十方世界中
三世一切人師子
我以清淨身語意
一切徧禮盡無餘
一身復現剎塵身
於一塵中塵數佛

一三六　崇善寺大悲殿内部空間與裝飾

一三七　戒臺寺

一三八　戒臺寺山門前石碑及石獅（一、二）

一三九　戒臺寺戒臺殿

一四一　戒臺殿銅香爐

一四〇　戒臺殿内部空間

一四二　戒臺寺觀音殿月臺欄柱柱頂形態各异的石獅（一、二、三、四）

一四三　戒臺寺大雄寶殿門額上懸乾隆皇帝手書『蓮界香林』鎦金雕龍横匾

一四四　智化寺萬佛閣

一四五　廣勝寺飛虹塔

一四六　飛虹塔琉璃飾物細部

一四七　飛虹塔入口門楣琉璃裝飾

一四八　廣勝寺上寺彌陀殿梁架與佛像

一四九　廣勝寺上寺毗盧殿

一五〇　毗盧殿琉璃脊獸

一五一　毗盧殿明間格扇櫺花（一、二）

無 南

一五二　懸空寺

一五三　普救寺

一五四　普救寺鶯鶯塔

一五五　鶯鶯塔塔檐細部

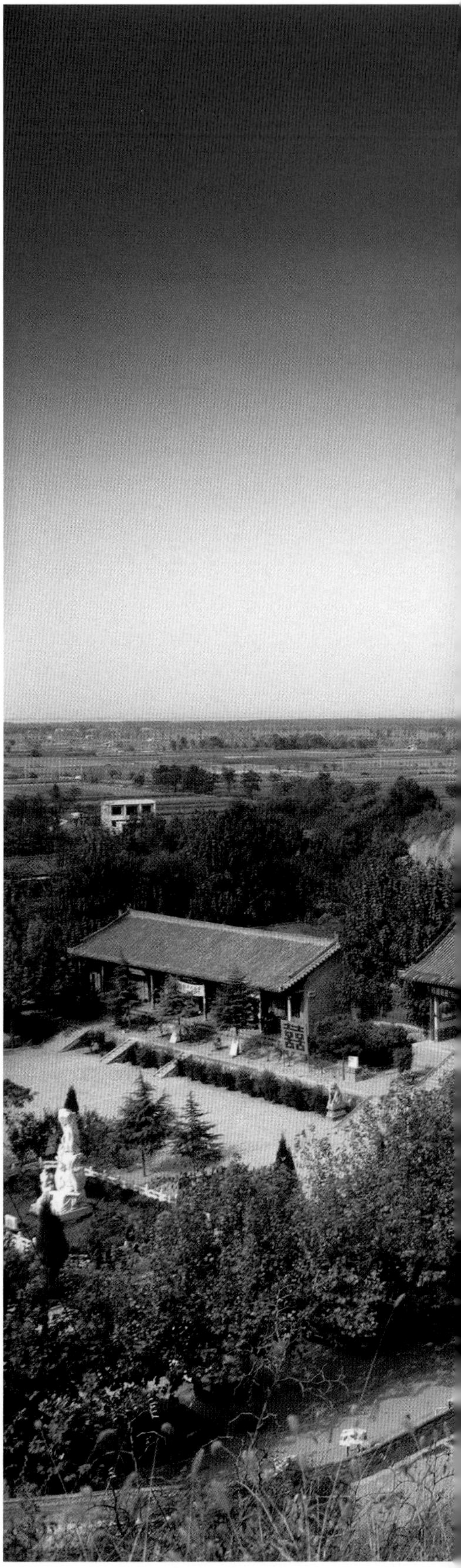

一五七　崇安寺

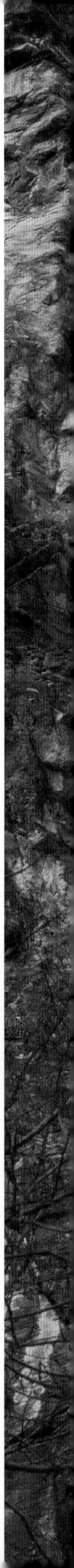

一五六　代縣天臺寺朝圓洞

一五九　雙林寺天王殿

一五八　雙林寺

一六〇　雙林寺天王殿金剛

一六一　雙林寺釋迦殿彩塑

菩提成佛
悉达纳妃
二臣追劝
隔墙掷象
箭穿金鼓

一六二　雙林寺菩薩殿千手觀音像

一六三　雙林寺千佛殿自在觀音像

一五九　琉璃花門中心花

一六五　雙林寺羅漢堂宋塑啞羅漢像

一六四　雙林寺千佛殿韋陀像

一六六　卧佛寺大雄寶殿

一六七　卧佛寺释迦牟尼佛像

一六八　大鐘寺鐘樓

一六九　大鐘寺明永樂大鐘

一七〇　真覺寺金剛寶座塔（五塔寺塔）

一七一　碧雲寺大雄寶殿

一七二　碧雲寺大雄寶殿橫額

一七四　碧雲寺石碑

一七三　碧雲寺大雄寶殿前香爐

一七五　碧雲寺八角碑亭

一七六　碧雲寺羅漢堂内景

一七七　碧雲寺金剛寶座塔

一七八　碧雲寺金剛寶座塔局部

一七九　碧雲寺金剛寶座密檐塔石雕佛像

一八〇　碧雲寺雕鎸精緻的石牌樓

一八二　橋樓殿近景

一八一　福慶寺橋樓殿

一八三　少林寺大雄寶殿

一八四　少林寺初祖庵

一八五　少林寺唐法玩塔

一八六　殊象寺

一八七　扶風法門寺塔

一八八　萬固寺多寶佛塔

一八九　太原雙塔

一九〇　頤和園琉璃塔

一九一　海寶塔

一九二　承天寺塔

一九三　少林寺塔林

一九四　銀山塔林

一九五　青銅峽一百零八塔

一九六　一百零八塔局部

一九七　童子寺燃燈塔

一九八　法興寺燃燈塔

一九九　法興寺燃燈塔細部

二〇〇　敦煌莫高窟

二〇二　敦煌莫高窟三〇三窟中心塔柱式形制（隋代）

二〇一　敦煌莫高窟九層樓閣

二〇三　敦煌莫高窟四二八窟背屏式形制（北周）

二〇四　敦煌莫高窟二八五窟方形單室形制（西魏）

二〇五　敦煌石窟壁畫（一、二）

二〇六　雲岡石窟

二〇七　雲岡第九、十窟

二〇八　第九窟前室佛龕

二一〇　第十三窟大像窟交脚彌勒菩薩像

二〇九　第十二窟門楣細部雕飾

二一一　第二十窟大像窟大佛像

二一二　龍門石窟

二一三　龍門石窟西山南部山崖窟室

二一四　龍門奉先寺

二一六　天龍山石窟第十窟

二一七　天龍山石窟第十六窟

二一五　天龍山石窟

二一八　濟南千佛山極樂洞石窟

圖版說明

一 白馬寺

白馬寺位于河南洛陽市東十公里處，是中國第一座佛教寺院，被尊爲中國佛教的『祖庭』和『釋源』。始建于東漢永平七年（公元六四年），曾爲宮廷寺院，明嘉靖年間重修。寺内現存天王殿、大雄殿、接引殿、清涼臺、毗盧閣等建築。寺門外對立宋雕青石馬二匹。寺院規劃布局嚴整，林木扶疏，牡丹鬥艷，香烟繚繞，佛樂聲聲不絕于耳。（引自洛陽白馬寺院編《白馬寺》）

二 白馬寺大雄殿

位于大佛殿後，始建于元代，明清時曾予重修。大殿面闊五間，進深四間，懸山屋頂，灰筒瓦面。殿前月臺置石獅、香爐。整座建築掩映在綠樹叢中，樸實莊重。

三 齊雲塔

齊雲塔位于洛陽白馬寺山門外東南約三百米處，建于金大定十五年（公元一一七五年）。因平面爲四方形，也稱金方塔。方形須彌座，塔身十三層，通高二十四米，冠以寶瓶式塔刹，屬磚砌密檐式，頗具唐塔風格。

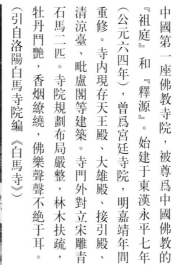

四　南禪寺大殿

南禪寺大殿位于五臺縣西南二十二公里李家莊西側。寺坐北向南，大殿建于唐建中三年（公元七八二年），平面近方形，面闊進深各三間，灰色筒板瓦單檐歇山式屋頂，屋面坡度極爲平緩，四翼如飛。殿前有寬敞舒展的月臺。南禪寺大殿是中國現存最早的木構建築。

五　南禪寺大殿唐塑

南禪寺大殿內有十七尊唐代彩塑。塑像面形豐潤，神態自若，服飾簡潔，衣紋流暢，爲唐塑之佳作。佛壇正中的佛祖釋迦牟尼像高四米，在佛殿中异常崇高偉岸。殿宇內宗教氣氛濃重，藝術效果極佳。

六　佛光寺

佛光寺位于山西五臺縣豆村東北五公里處，佛教鼎盛的隋唐時代曾爲五臺大刹之一。寺院坐東朝西，依山就勢沿中軸綫建有山門、唐乾符幢和東大殿。文殊殿布置在中軸綫北側。佛光寺東大殿置于近十五米高的臺地上，爲唐大中十一年（公元八五七年）所建。殿後緊接山岩，殿堂面闊四間，長三十四米，寬一七·六六米。屋頂坡度平緩，脊端用鴟尾，斗栱碩大，是中國現存最大的唐代木構建築。東大殿與文殊殿前分別建有唐代經幢。

七　佛光寺東大殿翼角

東大殿翼角斗栱碩大，出檐深遠，形成動感極強的騰空欲飛氣勢，展現出陰柔之美。

八　佛光寺東大殿内槽空間

東大殿室内空間分爲内、外槽，并以明露構件使兩部分形成完全不同的空間。外槽狹而高，内槽高敞方正。内槽又按供奉佛像分作五個小空間，且用斗栱、柱頭枋和牆體將内外槽隔斷，内槽相對封閉，其後部放置佛像，佛像背光微微向前彎曲，与後柱斗栱挑出和天花抹斜平行，使建築空間与佛像成爲有機整體。

九　佛光寺東大殿外槽空間

東大殿外槽高度相當于外槽進深的二倍，構成狹高的空間，與内槽空間形成强烈對比，以突出内槽空間的重要地位。

一〇　佛光寺東大殿唐代壁畫

（引自李玉明主編《山西古建築通覽》）

一一　佛光寺文殊殿内人字栱梁架

一二　佛光寺明代鐵鐘

鐵鐘懸于佛光寺東大殿西南隅，高一·四米，爲明宣德六年（公元一四三一年）鑄造。

一三　佛光寺祖師塔

佛光寺祖師塔位于東大殿南側，爲佛光寺初祖禪師磚砌墓塔。墓塔由臺基、塔身、塔剎組成，平面呈六角形，通高八米。塔身分上下兩層，僅下層塔身建有塔室，正面闢有圓拱形門，門楣做壺門狀。上層塔身下部也做壺門狀假門基座，座上以三重仰蓮承托塔身，塔身正面刻有假門。塔身六角以三重仰蓮花束裝飾，并用磚砌疊澀出檐。塔剎由仰蓮、寶瓶與覆蓮構成。整座古塔融合了亭閣式塔和花塔的造型特徵，風格獨具，審美價值極高。

一四　五臺山佛寺建築群

五臺山在山西五臺縣東北，與四川峨嵋山、浙江普陀山、安徽九華山并稱中國佛教四大名山，分別爲文殊、普賢、觀音、地藏菩薩的道場。因此山由東、西、南、北、中五峰組成，且五峰峰頂皆闊如平臺，故名之曰五臺。五臺山山勢奇偉，夏無酷暑，涼爽宜人，又名清涼山。山中佛寺最早建于漢明帝年間，隋唐兩代曾多達三百六十多所，現存尚有五十餘處。寺院分漢傳佛教與藏傳佛教兩類，鱗次櫛比，規模宏大。（李瑞之攝）

一五　五臺顯通寺鐘樓

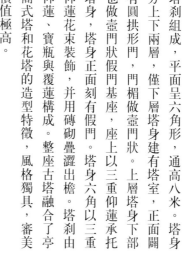

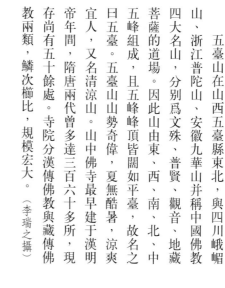

一六　顯通寺大雄寶殿

顯通寺位于五臺山臺懷鎮，是五臺山五大禪寺之一。大雄寶殿係清光緒二十五年（公元一八九九年）重建，面闊五間，殿堂屋身四周出廊，重檐廡殿頂，綠琉璃瓦剪邊。建築造型雄偉壯觀。

一七　顯通寺大文殊殿

顯通寺大文殊殿建于清乾隆十一年（公元一七四六年）。面闊五間，懸山屋頂。

一八　顯通寺無量殿

無量殿爲五臺山獨特佛教建築，係明代所建。殿堂面闊七間，進深四間，重檐歇山屋頂。屋身四周不設木構檐柱，均以磚砌，雕刻精緻，上部藻井結構奇特，鏤刻富麗。無量殿外觀頗似二層樓閣，殿內實爲三間磚築洞窟。因不用梁柱，故又稱無梁殿。

一九 無量殿內部空間

殿內供奉銅質盧舍那佛，連同須彌座高兩丈餘。佛像距殿門較近，使禮佛者仰視巨大的佛像和深遠的穹頂藻井，在幽暗的光綫下造成凝重神秘的宗教氣氛。

二〇 無量殿內十三層多寶木塔

無量殿內現存多寶木塔一座，建造于明代。平面呈八角形，十三層，高約十米，結構奇巧。

二一 顯通寺銅塔

明代萬曆年間鑄造，爲覆鉢式、樓閣式、亭閣式三種形式組合而成的佛塔。通高八米，塔身布滿了精細的雕飾。

二二　顯通寺禪堂雲板

顯通寺雲狀磬俗稱雲板，懸于顯通寺禪堂廊下，高約三米，明萬曆年間以生鐵鑄造。

二三　顯通寺銅殿

顯通寺銅殿爲罕見的青銅建築，鑄造于明萬曆三三年（公元一六〇五年）。銅殿面闊四·七米，進深四·五米，高八·三米，重檐歇山頂。上層四面各有門六扇，下層四面各有門八扇，均鑄飛禽走獸，花卉人物，工藝精巧，形象生動，爲五臺山佛教建築雕鑄之冠。（李瑞之攝）

二四　顯通寺菩薩頂寺前石階、牌樓

五臺山顯通寺至菩薩頂寺前建有一百零八級石階和一座造型優美的三門四柱七樓高大彩繪木構牌樓，金碧輝煌。上有清代康熙皇帝御筆親書『靈峰勝境』。

二五　塔院寺大白塔

塔院寺位于五臺山臺懷鎮。以塔爲中心布局，塔前建大殿，塔後建藏經閣，周設廊屋禪舍。舍利塔爲喇嘛式，高五十米，雄渾偉岸，通體潔白如玉。

二六　萬佛閣龍王殿及獻亭

萬佛閣位于塔院寺東南隅，曾爲塔院寺屬廟，建有文殊殿、五龍王殿和古戲臺。五龍王殿俗稱龍王殿，建于清代。因相傳龍王五爺係文殊菩薩化身，袪病消灾及祈祐安福頗爲靈驗，故備受民間崇奉。大殿雖僅面闊三間，單檐歇山頂，但屋身四周出廊，殿前增建抱廈獻亭，作爲禮佛過渡空間，且彩繪雕飾極爲富麗堂皇，烘托出主殿的尊貴威嚴。主殿内光綫幽暗，香烟繚繞，氣氛凝重神秘。

二七　五臺廣宗寺

廣宗寺位于五臺山臺懷鎮營坊村山腰，建于明代正德初年，清代曾予重修。寺院規模不大，布局嚴謹。其中大佛殿三間以銅瓦蓋頂，俗稱銅瓦殿。另有山門、鐘鼓樓、配殿、藏經閣等建築，各具特色。

二八　金閣寺觀音閣

金閣寺位于五臺南臺西北山腰，始建于唐代宗年間。佛寺的觀音閣爲主要建築，居中而建，單檐歇山頂，周設樓廊。觀音閣內部空間高敞，主尊觀音銅像高十七米。

二九　金閣寺大悲閣佛像及殿堂藻井

三〇　五臺尊勝寺

尊勝寺位于山西五臺茹村龍王堂，重建于宋。佛寺沿中軸綫布局，爲五進院落，因山勢逐級向上。左右設經堂禪舍與藏經閣，萬藏磚塔置于中軸綫盡端。整座佛寺規模宏偉。

三一　尊勝寺宋代經幢

尊勝寺陀羅尼經幢建于北宋天聖四年（公元一〇二六年）。

三二　尊勝寺藏經閣

尊勝寺正殿東西兩側各建一座藏經樓，呈十二角亭閣式。外觀二層，內實一層，係由青磚砌築，牆體外圍以明柱，玲瓏華麗，造型新穎。

三三　玄中寺

玄中寺位于山西交城西北十公里的石壁山中，四周層巒疊嶂，群山環抱，石壁陡立。佛寺建築巧藉山勢，就地取材，殿堂跌宕，林木扶疏，曲徑層盤，雲飛梵宇，佛天淨域盡在妙境之中。玄中寺始建于北魏延興二年（公元四七二年），至承明元年（公元四七六年）建成，後屢毀屢建，元代極盛，明、清多有修葺，是中外聞名的佛教淨土宗祖庭。

三四　玄中寺大雄寶殿

大雄寶殿面闊五間，懸山屋頂，屋身前出檐廊，形成豐富的建築外觀。

三五　天臺庵

天臺庵位于山西平順北二十五公里的王曲村。現僅存一座佛殿和一通石碑，均爲唐代遺構。面闊進深各三間，單檐歇山頂，灰筒瓦屋面，琉璃脊獸，屋面坡度平緩，四翼如飛。磚砌屋身略有收分，衹在正面闢門。天臺庵規模較小，屬于民居式佛寺。

三六　鎮國寺萬佛殿

鎮國寺位于山西平遥縣郝洞村，寺内萬佛殿建于北宋建隆四年（公元九六三年）。大殿面闊三間，屋身厚實，收分顯著。單檐歇山屋頂，斗栱層疊，飛檐高翹，翼角懸挑竟達五米。整座殿宇造型渾厚莊重，屋頂柔美舒展。

三七　萬佛殿屋頂翼角

三八　萬佛殿彩色塑像（一、二）

殿内釋迦牟尼佛像及侍者彩塑雖爲北宋初年作品，但衣著華麗，造型豐滿，仍洋溢著唐塑風采，呈現出盛唐時期以肥爲美、以華爲貴的審美觀。

三九　鎮國寺三佛樓

三佛樓位于鎮國寺二進院，供奉毗盧遮那佛、盧舍那佛和釋迦牟尼佛。樓閣融合平遥民居傳統做法建造，采用下窑上樓式，一層爲磚砌券拱窑洞，前檐設有柱廊，二層爲木構殿宇。樓閣面闊三間，懸山屋頂。

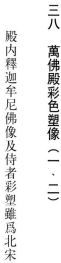

四〇　嵩岳寺塔

嵩岳寺塔位于河南登封縣城西北五公里太室山南麓的嵩岳寺內。始建于北魏正光元年（公元五二〇年），爲中國現存最早的磚塔。塔平面呈十二角形，十五層，密檐式，高四十餘米。塔身分上下兩部；下爲平坦壁體，其上施疊澀檐一層；上部角隅各加倚柱一根。除闢門的四面外，其餘八面各砌一座單層方塔狀的壁龕，突出塔壁外，塔身之上施疊澀檐十五層，塔刹由寶珠、相輪、仰蓮、受花組成。輪廓圓潤、柔美，富有魅力。

四一　神通寺四門塔

神通寺四門塔位于山東濟南歷城區，是中國現存最早的石塔，建于隋大業七年（公元六一一年）。塔身平直，用大塊青石砌成，上部略有收分。單層方形，高一五．〇四米，每邊寬七．四米。塔四面闢拱門，檐部疊澀挑出五層。塔頂用二十三行石板層層收縮疊築，成四角攢尖錐形。塔刹由露盤、山華、蕉葉、相輪等組成。塔座有方形塔心柱，四面各有後人移置的石雕坐佛一尊。整座古塔造型簡潔，古樸莊嚴。

四二　慈恩寺大雁塔

大雁塔位于陝西西安慈恩寺內，布局在寺院中軸綫盡端，始建于唐永徽三年（公元六五二年），長安年間（公元七〇一年至七〇四年）改建。塔呈方形平面，七層，高六四．一米，逐層向內收分，形如方錐體。塔內設木梯樓板，可逐層上登，是著名的樓閣式磚塔。

四三　香積寺善導塔

香積寺善導塔位于陝西長安西南，建于唐神龍二年（公元七〇六年）。塔呈方形平面，十一層，高三十三米，屬密檐式磚塔。其特點是密檐間距較大，塔身以赤色繪製柱枋、斗栱和窗欞，爲密檐式塔所少見。

四四　薦福寺小雁塔

小雁塔位于陝西西安薦福寺内，建于唐景龍元年（公元七〇七年），爲方形十三層密檐式磚塔，通高四三.三米。基座爲方形，塔身高大凝重，一層南北闢門。門框以青石製成，門楣刻供養人及蔓草圖案，體現了唐初風格。以上塔身逐層收分。塔檐四角方中見圓，剛中帶柔，形象簡潔古樸。塔内設木梯樓板供人登臨。蜚名于世的小雁塔造型優美，是中國早期密檐塔的代表作品。

（引自《古都西安》，中國攝影出版社）

四五　歷城龍虎塔

龍虎塔位于山東濟南歷城區，建于唐代，塔頂爲宋代所修。因塔身有龍、虎浮雕而得名。其形制屬單層亭閣式塔，高一〇.八米。平面正方形，塔身寬、深各四米，四面闢門。基座高大，塔身雕刻極爲富麗。

（引自羅哲文著《中國古塔》）

四六 歷城九頂塔

九頂塔位于山東濟南歷城區，建于唐天寶年間（公元七四二年至七五六年）。此塔形制特殊，爲國内孤例。九頂塔屬亭閣式塔，分塔身與塔頂兩個部分，通高一三·三米。但塔頂又建九個密檐式小塔，九頂塔因此得名。塔平面爲八角形，每邊呈弧形向内凹入，其做法也爲唐塔所罕見。（引自羅哲文著《中國古塔》）

四七 周至八雲塔

八雲塔位于陝西周至縣城内，建于唐景龍二年（公元七〇八年），爲方形十一層樓閣式磚塔，通高三六·七米。一層各面闢門，疊澀出檐，檐下磚刻斗栱。二、三、四、五各層塔身四面均做附壁柱。五層以上塔身明顯收分，建築形體頗似西安小雁塔。

四八 靈岩寺慧崇禪師塔

慧崇禪師塔位于山東長清靈岩寺塔林，建于唐天寶年間（公元七四二年至七五六年），爲單層重檐亭閣式塔，全部石砌，高五·三米。塔呈方形平面，置于須彌座上。塔身正面闢門，其餘三面刻假門。塔室長寬均二·二米，并建覆斗形室頂。上下兩層塔檐以石板疊澀挑出。塔刹刻仰蓮、寶珠造型，堪稱稀世瑰寶。

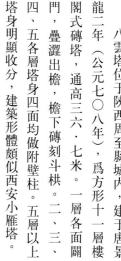

四九　興教寺塔

興教寺塔又稱玄奘墓塔，位于陝西長安縣興教寺内。始建于唐總章二年（公元六六九年），爲玄奘法師埋骨處。大和二年（公元八二八年）重修。塔磚砌，方形五層樓閣式，通高二十一米，塔身各層收分較大，十分穩固，是中國早期磚砌仿木構樓閣塔的典型代表作。

五〇　草堂寺鳩摩羅什塔

位于陝西户縣草堂寺，爲南北朝時後秦高僧鳩摩羅什的舍利塔。塔以玉白、磚青、墨黑、乳黄、淡紅、淡藍、赭紫、深灰等八种顔色的玉石雕製而成，又稱八寶玉石塔。此塔也屬亭閣式塔，平面呈八角形，塔身各面均以石雕木門、直欞相間裝飾。塔頂爲單檐屋頂造型。塔刹由蓮瓣狀花葉承托巨大的扁圓寶珠。整座塔置于起伏山岳與升騰祥雲構成的須彌座上，尤顯高貴精美。

五一　草堂寺『唐故圭峰定慧禪師碑』

『唐故圭峰定慧禪師碑』置于陝西户縣古刹草堂寺内，刻于唐大中一〇年（公元八五六年），書法價值極高。此碑高三·一米，寬一·四米，分三十六行，每行六十五字，由金紫光禄大夫守中書侍郎兼户部尚書裴休撰書。裴休楷書以『遒媚有書法』著稱，此爲實物例証。而碑額『唐故圭峰定慧禪師碑』九字則係書法大家柳公權篆書，爲現存書法藝術之珍品。

五二　草堂寺唐碑拓片（局部）

五三　泛舟禪師塔

泛舟禪師塔位于山西運城西北四公里的寺北村，爲唐代報國寺泛舟禪師的墓塔，建于唐長慶二年（公元八二二年），爲中國亭閣式佛塔的代表作品之一。塔爲圓形，高十一米。塔下爲一圓形基座，微有收分。上置須彌座，座上有磚雕壺門，并以間柱相隔。須彌座上磚砌塔身，塔身中空，建六角形塔室，上有藻井，南向正面開門。門檻、門頰和門額均爲石製。門側按木構形制刻破子欞窗。塔頂爲傘蓋形圓頂，塔檐用磚疊澀而成，頂置塔刹，冠以寶珠，造型樸質優美，雕刻簡潔有力，爲唐塔中罕見實物。

五四　平順大雲院唐代石刻七寶塔

大雲院又稱大雲寺，位于山西平順縣石會村，始建于五代後晋天福三年（公元九三八年）。寺院西側七寶塔爲唐代原物，屬亭閣式石塔。

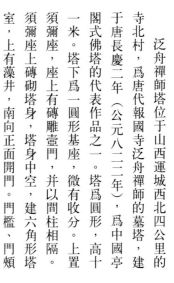

五五　雲居寺石塔

北京房山雲居寺北塔方形平臺四隅各建有一座高約三米的唐代石塔。平面爲方形，七層密檐式，塔門上雕刻火焰形，左右有力士像。塔心室正面有浮雕佛像。（曹揚攝）

五六　平順龍門寺經幢

建于五代後漢乾祐三年（公元九五〇年）。

五七　雲居寺雷音洞

雲居寺位于北京西南郊七十五公里處的石經山西麓，始建于隋代，因藏有千年石經版聞名。佛寺雷音洞又名華嚴堂、石經堂，開鑿于七世紀初，四壁嵌有靜琬法師最初鎸刻的石經版一四六塊。洞中四根八棱形石經柱上雕刻佛像一千餘尊，人稱千佛柱。（引自《北京風景》，中國旅游出版社）

五八　潭柘寺

潭柘寺位于北京門頭溝潭柘山，是歷代皇帝拜佛進香的大寺，始建于晉代（公元二六五年至三一六年）。因寺後有『龍潭』，山上有『柘樹』，是謂潭柘寺，歷經數代，流傳久遠，是中國最古老的佛寺之一。寺院依山形水勢而建，規模宏麗，環境極佳。（引自《北京風景》，中國旅游出版社）

五九　潭柘寺山門前牌樓

牌樓建于清代，康熙皇帝御筆題寫横額『香林蓮界』。

六〇　潭柘寺山門

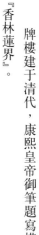

六一　潭柘寺鼓樓

六二　潭柘寺大雄寶殿

大雄寶殿面闊五間，三十三米，進深二十米，高二十四米，爲潭柘寺建築之冠，清代重修。重檐廡殿頂，黃琉璃瓦綠剪邊。殿堂置于二米高白石臺基上，古木扶疏，掩映其間，愈顯神聖雄偉。

六三　潭柘寺大雄寶殿橫額

大雄寶殿下檐正中門額上懸有清代乾隆皇帝御筆題寫的『福海珠輪』四字。

六四　潭柘寺毗盧閣

毗盧閣位于潭柘寺中軸綫盡端的臺地上。面闊三十餘米，進深一二·七米，高一五·七米。檐下懸置乾隆皇帝御筆匾額『圓靈寶境』。

六五　潭柘寺石魚

石魚懸于潭柘寺龍王殿廊下，用含銅量較高的石塊雕成，重五十公斤，長一米餘。敲擊不同部位可發出音階不同的聲音。傳説敲擊石魚還可以遇旱化雨，祛病除疾。（引自《北京風景》，中國旅游出版社）

六六　隆興寺

隆興寺位于河北正定縣城内，又稱大佛寺。創建于隋開皇六年（公元五八六年），爲北方著名佛教寺院。現存主要建築爲單孔石橋、天王殿、摩尼殿、戒壇、慈氏閣、轉輪藏閣、大悲閣、彌陀殿、康熙碑亭、乾隆碑亭等。其中摩尼殿、轉輪藏閣、慈氏閣、天王殿均爲宋代所建，此後雖經多次修葺，但仍保存宋代建築風格。

六七　隆興寺摩尼殿

隆興寺摩尼殿建于北宋皇祐四年（公元一〇五二年），形制獨特，爲中國現存宋代建築罕見實例。其殿堂平面近方形，面闊進深各七間，重檐歇山屋頂，以綠色琉璃瓦剪邊。屋身四邊各出一歇山抱廈，以山花對向四面，與傳世宋代繪畫極其類似。

六八　摩尼殿内部空間

殿内空間高大寬敞，殿堂屋身均以厚重牆體圍繞，僅抱廈正面開門窗，故而殿内光綫微暗，氣氛凝重。摩尼殿泥塑宋代佛像五尊，後壁則懸塑有明代彩色背座觀音像。

六九　隆興寺大悲閣

大悲閣爲隆興寺主體建築，坐落在廓大舒展的月臺上。爲供奉高大佛像，特建造三層重檐歇山頂樓閣，高三十三米。樓閣内安置一尊宋代開寶四年（公元九七一年）鑄造四十二臂大悲菩薩銅像，高度二十四米，是中國現存最高大的銅鑄佛像。

七〇　大悲閣内大悲菩薩像與梁架

七一　隆興寺轉輪藏閣

轉輪藏閣位于大悲閣西側，與慈氏閣兩相對應。樓閣爲二層重檐歇山頂木構，保存宋代建築風格。

七二　轉輪藏閣内部空間

轉輪藏閣内爲容納六角形輪藏，采用减柱法將兩中柱外移，形成平面爲六角形的柱网，以營造高敞的空間，同時樓閣上下兩層不設平座暗層。空間處理獨具匠心。

七三　隆興寺戒壇

七四　毗盧寺

毗盧寺位于河北石家莊西北隅十二公里的上京村東，始建于唐代天寶年間，歷代均有修葺。現存大殿爲明代建築，平面形制呈十字狀，單檐五脊廡殿頂。殿前多爲明、清碑刻。寺内壁畫内容豐富，技巧精湛，人物形象栩栩如生，堪稱中國寺觀壁畫之瑰寶。

七五　毗盧寺佛教壁畫——引路王菩薩

七六　青蓮寺

青蓮寺位于山西晋城東南十七公里的峽石之中，始建于唐代。佛寺擇址頗具匠心，坐落在陡峭山巔，臨丹河而建。殿堂樓閣鱗次櫛比，形成『寺裹山』的奇特景觀。

七七　青蓮寺釋迦殿

釋迦殿爲青蓮寺主體建築，建于宋代，面闊三間，單檐歇山頂，灰筒瓦屋面。殿前碑刻、經幢爲唐、宋原物。

七八　定林寺山門、天王殿

定林寺位于山西高平東北，始建于北宋太平興國元年（公元九七六年），後經金、元二代重修。其山門與天王殿，爲三重樓閣式建築，采取上下組合，別具一格。

七九　開化寺山門

開化寺位于山西高平，屬民居式佛寺，始建于宋代。山門、天王殿采用城樓形式，面闊三間，重檐歇山頂，周設迴廊，置高臺之上。

八〇　開化寺大雄寶殿

開化寺大雄寶殿爲宋熙寧六年（公元一〇七三年）重建。面闊三間，單檐歇山頂，灰筒瓦屋面。殿內四壁繪製的佛教壁畫屬宋代壁畫之佳作。

八一　開封繁（pó）塔

位于河南開封東南郊，建于北宋太平興國二年（公元九七七年），因塔與佛寺所在地點稱作繁臺，故有繁塔之名。塔平面呈六角形，高三層，頂部平臺又建一座七層小塔，作爲塔刹，形成塔上建塔的特殊造型。塔身各層收分較大，其中一層塔身較高，僅南面闢門，且一、二層均爲重檐。塔身外壁鑲滿有圓形佛龕的型磚。龕內磚雕佛像，總計萬餘尊。塔內尚設有木梯與樓板，可供人登臨遠眺。

八二　繁塔細部

繁塔塔身磚雕佛像數十種，神態各异，形象生動。在磚雕佛像牆壁四周嵌有捲草花紋磚，組成花邊，紋樣流暢，爲宋代磚雕藝術珍品。

八三　開元寺塔

開元寺塔又稱料敵塔，位于河北定州城內，始建于北宋咸平四年（公元一〇〇一年）。平面呈八角形，十一層，高八十四米，是中國最高的磚塔。塔分內外兩層，兩層之間有游廊環繞。各層東、西、南、北皆闢門，層間有磚階可直達頂層。第二、三層游廊頂棚由雕花磚砌成，并以彩色相飾。塔內兩壁有壁龕，龕內原有壁畫、塑像。各層迴廊壁上，歷代碑刻和名人題咏頗多。（引自羅哲文著《中國古塔》）

八四　開封祐國寺塔

祐國寺塔位于河南開封市東北隅，建于北宋皇祐元年（公元一〇四九年）。平面呈八角形，十三層，高五五·〇八米，塔內可攀登。塔身用二十八種不同形式的褐色琉璃磚砌成，遠望酷似鐵鑄，故有鐵塔之稱。塔身細部雕有飛天、降龍、麒麟、菩薩、力士、獅子、寶相花等圖紋裝飾五十餘種，雕工精細，神態生動。該塔是我國現存最早的一座大型琉璃建築。

八五　祐國寺塔入口裝飾

八六　祐國寺塔局部（一、二）

八七　無邊寺塔

無邊寺塔位于山西太谷城内，創建于西晉泰始八年（公元二七二年）。白塔爲北宋元祐五年（公元一〇九〇年）建築，八角七層樓閣式，通高四十餘米。各層塔身均以磚疊澀砌築重檐，檐下磚刻斗栱。

八八　原起寺宋塔

原起寺位于山西潞城東北鳳凰山中，始建于唐天寶六年（公元七四七年）。寺院規模較小，獨立山巔。現存建築多爲宋代所建。院内七層密檐式古塔全部以磚砌而成，外檐磚刻斗栱、椽子等構件，製作頗爲精緻。

八九　敦煌城子灣花塔

城子灣花塔位于甘肅敦煌莫高窟旁，爲宋代早期作品。塔内以土坯砌築，外塗草泥，表面抹細泥，并塑製出各種裝飾。塔平面爲八角形，底部有高大的須彌座，座上建八角形單層塔室。塔室上面建高大的寶裝蓮花塔身，形似巨大花束，寶裝蓮花中間砌出小塔龕及佛像。寶裝蓮柱采用單層方塔作爲塔刹。整座花塔雄渾壯美。（引自羅哲文著《中國古塔》）

九〇　靈岩寺辟支塔

靈岩寺辟支塔位于山東長清，唐天寶十二年（公元七五三年）創建，北宋嘉祐年間（公元一〇五六年至一〇六三年）重建。塔爲八角九層樓閣式，磚石合砌，高五十四米。下部爲石砌基座，上部各層塔身均以磚砌。尤其第一層塔身内以磚砌塔柱，設磚階從内部上登，但到五層以上却改爲沿塔身外檐盤旋而上，登至頂層。結構頗爲奇特，在中國現存磚塔中極其少見。

九一　蒙城興化寺塔

興化寺塔位于安徽蒙城縣東南原興化寺内，建于北宋崇寧元年（公元一一〇二年）。因塔身内外嵌砌琉璃小佛近萬尊，故又稱萬佛塔。塔爲八角十三層樓閣式，全部磚砌，高三十六米，是現存宋塔的重要實例。（引自羅哲文著《中國古塔》）

九二　崇覺寺鐵塔

建于北宋崇寧四年（公元一一〇五年）。位于山東濟寧，明萬曆年間重修。塔高二三·八米，置于高大的磚砌基座上。基座南面闢有一門，每層塔身各闢四門，置四龕，并置佛像。塔刹爲鎦金寶瓶形式。鐵塔造型剛健挺拔。（引自羅哲文著《中國古塔》）

九三　趙州陀羅尼經幢

陀羅尼經幢爲河北趙縣（原趙州）開元寺遺物，爲北宋寶元元年（公元一〇三八年）所建。全部石造，高一六・四四米，是中國現存最大的陀羅尼經幢。底層爲六米見方的扁平須彌座，其上建八角形須彌座二層。各層須彌座束腰部分雕刻佛寶、法器、力士、仕女、歌舞樂伎等，姿態生動，精細華麗。幢身自下而上節節收分，其上刻有經文。

九四　陀羅尼經幢幢頂細部

九五　陀羅尼經幢幢身細部

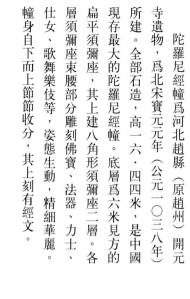

九六　陀羅尼經幢基座細部

九七　獨樂寺觀音閣

獨樂寺位于天津薊縣城内，始建于唐代。寺中觀音閣爲遼統和二年（公元九八四年）重建，爲五間單檐歇山頂重樓，通高二十三米，是中國現存最古老的木構高樓閣，造型莊重雄健。

九八　獨樂寺觀音閣内景

觀音閣内觀音像高十六米，是中國最大泥塑之一。爲供奉觀音像，樓閣内空間上下兩層中間設一平座暗層，以適應立像高度與體量。（引自中國建築工業出版社資料）

九九　奉國寺

奉國寺位于遼寧義縣城内。原名咸熙寺，建于遼開泰九年（公元一〇二〇年）。大雄寶殿爲寺内主要建築。殿築高臺之上，五脊單檐廡殿頂，面闊九間，進深五間，高二十一米，與大同上華嚴寺大雄寶殿同爲佛教寺院中稀有的高大建築。其斗栱碩大，屋頂坡度平緩舒展，檐柱有『升起』與『側脚』特徵。大殿彩畫保留了遼代風格。

一〇〇　奉國寺大雄寶殿檐柱斗栱

一〇一　華嚴寺上寺

華嚴寺上寺位于山西大同市區，始建于遼。寺坐西朝東，體現了遼代『尚東習俗』。有山門、過殿、大雄寶殿、觀音閣、地藏閣及兩廂廊廡。大雄寶殿爲上寺的主體建築，係金天眷三年（公元一一四〇年）重建。面闊九間，進深五間，柱高七·二四

米，單檐廡殿頂，是中國現存體量最大、構架最高的古代單檐木構殿堂。殿內有明代塑像和清代壁畫。（引自李玉明主編《山西古建築通覽》）

一〇二　華嚴寺下寺

華嚴寺下寺與華嚴寺上寺毗鄰，以薄迦教藏殿爲主殿。該殿建于遼重熙七年（公元一〇三八年）。面闊五間，進深四間，單檐歇山頂，殿內有遼代塑像，四壁列重樓式壁藏（藏經櫃），總長六十米，爲國內絶無僅有。（引自李玉明主編《山西古建築通覽》）

一〇三　華嚴寺上寺大雄寶殿鴟吻

（引自《山西琉璃》，文物出版社）

一〇四　華嚴寺下寺薄伽教藏殿拱形樓閣

華嚴寺下寺薄伽教藏殿內四壁藏經櫃特製作成樓閣形式，以迴廊環繞彼此相連，造型别致，跌宕起伏。尤其以突兀而起的拱橋承托樓閣，形成高低錯落，使藏經樓閣于柔美中見雄偉，平添了大殿佛境的靈氣。（引自李玉明主編《山西古建築通覽》）

一〇五　善化寺

善化寺位于山西大同市區，俗稱南寺。始建于唐，金天會六年至皇統三年（公元一一二八年至一一四三年）重建，爲中國現存規模較大，布局最完整的遼金佛寺。佛寺中軸綫上有山門（天王殿）、三聖殿、大雄寶殿，兩側有普賢閣、文殊閣及兩廊。大雄寶殿爲寺內主體建築，左右有觀音殿與地藏殿。善化寺與華嚴寺、奉國寺三座大殿同爲中國遼金佛殿建築之巨構。（引自李玉明主編《山西古建築通覽》）

一〇六　善化寺大雄寶殿

大雄寶殿面闊七間，進深五間，單檐廡殿頂，屋面坡度平緩。外檐斗栱碩大簡潔。整座殿堂建在寬闊的月臺上，雄渾穩健，氣勢非凡。

一〇七　善化寺普賢閣

位于佛寺大雄寶殿西側，于金貞元二年（公元一一五四年）重建。面闊三間，二層樓閣。外觀秀麗端莊。

一〇八　崇福寺彌陀殿

崇福寺位于山西朔州城內，始建于遼代。現存彌陀殿為金皇統三年（公元一一四三年）所建。面闊七間，進深四間，單檐廡殿綠琉璃瓦頂。殿堂置于高大的月臺之上，體量龐大，氣勢异常雄偉。

一〇九　彌陀殿阿彌陀佛像

彌陀殿主尊阿彌陀佛像，佛像背光高十餘米，網架上塑透空纏枝花蔓，其尺度漸變，并飾以青綠顏色，浮塑團花、朵雲、飛天，使整個佛像背光頗為精緻瑰麗，輝映出佛的偉岸。

一一〇　應縣淨土寺大雄寶殿天花藻井

山西應縣淨土寺大雄寶殿，建築體量不大，殿內供奉九尊佛像。每尊佛像頂部均做八角形天花藻井，与佛像呼應。其明間正中釋迦牟尼佛像頂部藻井為天宮樓閣簇擁著的二龍戲珠吉祥圖案。藻井四周層層疊疊布滿品字形木製斗栱，金碧輝煌，瑰麗异常。淨土寺大雄寶殿藻井係金代建築藝術佳作。

一一一 巖山寺壁畫

巖山寺位于山西五臺山北麓的繁峙縣天巖村，建于金正隆三年（公元一一五八年）。現唯存菩薩殿係金代遺構。殿内四周壁畫皆爲同期繪製，畫法精妙，技藝高超，屬中國金代壁畫中的優秀作品。壁畫内容多反映當時的社會生活，對金代建築風采給予真實展現。（引自《中國美術全集繪畫編（十三）寺觀壁畫》）

一一二 農安遼塔

位于吉林農安縣城内，建于遼統和元年至太平十年（公元九八三年至一〇三〇年），爲八角十三層密檐式磚塔。

一一三 萬部華經塔

萬部華經塔位于内蒙古呼和浩特東郊，外表塗白色，故俗稱白塔。此塔建于遼聖宗年間（公元九八三年至一〇三一年），爲八角七層樓閣式，全部以磚砌築。塔身高四十三米，高大的基座上雕飾著富麗花紋圖案。一、二層各面均雕有形態各异的力士、佛像。（引自羅哲文著《中國古塔》）

一一四　慶州白塔

慶州白塔位于內蒙古赤峰巴林右旗古慶州城遺址。建于遼重熙年間（公元一〇三二年至一〇五五年）。白塔爲八角七層樓閣式，通高五十米左右。塔身設有階梯，可盤桓登上頂層。各層外表均以磚刻柱、枋、斗栱、門窗等，并雕飾佛、菩薩、天王、力士、飛天像。塔頂置銅製鎏金。整座白塔雄偉而不失秀美，樸實而不失華貴。（引自羅哲文著《中國古塔》）

一一五　寧城遼中京白塔

白塔位于內蒙古寧城，建于遼重熙四年（公元一〇三五年）。密檐實心磚砌，因外表塗白色，是以得名。此塔爲遼、金所建最高大的古塔。平面呈八角形，共十三層，通高七十四米。（引自羅哲文著《中國古塔》）

一一六　佛宮寺釋迦塔（應縣木塔）

佛宮寺釋迦塔，又稱應縣木塔，位于山西應縣城西北佛宮寺內，始建于遼清寧二年（公元一〇五六年）。塔底平面呈八角形，直徑三〇・二七米。塔身外觀五層，內部却實爲九層，總高六七・一三米，建在四米高的兩層石砌臺基上，全部爲木構，是中國現存唯一的純木構大塔。木塔出檐及平座寬厚舒展，造型雄偉華麗，塔立面構成比例和諧，富有韻律。各層外檐因華栱與下昂調整而使統一中有變化。整座木塔莊嚴穩重，氣勢雄偉，給人以強烈的藝術感染力。

一一七　釋迦塔局部

木塔檐角舒展，栱如繁花，結構精巧，極盡華麗之美。

一一八　釋迦塔內空間

釋迦塔柱網與構件組合爲內外槽，形成雙層套筒式平面和結構，內槽供佛，外槽供人流活動。木塔各層間均設有暗層，上層柱插在下層柱頭斗栱中，反映出唐、遼時期木構建築特徵。塔平面爲八角形，且在暗層內設梁柱斜撑，與雙層套筒式柱網結合，加强木塔的剛度及整體性。

一一九　覺山寺塔

覺山寺位于山西靈丘東南二十公里處，始建于北魏太和七年（公元四三八年）。現存覺山寺塔爲遼大安六年（公元一〇九〇年）重建，是八角十三層密檐式磚塔，通高四三·五四米。下部施兩層基座：第一層呈方形，邊長一九·六米；第二層爲八角形須彌座。須彌座各邊雕有壼門、上下枋、倚柱、斗栱、欄板、飛天、力士、蓮花等，十分精美。塔身第一層由塔壁和內室組成，南北開券門，東西爲假門。第二層至第十三層以斗栱支撑挑出密檐。塔頂作攢尖式，上置鐵剎。磚塔造型雄渾剛健，是遼代磚塔的典型代表。

一二〇　天寧寺塔

天寧寺塔位于北京宣武區廣安門外天寧寺，建于遼代壽昌至天輔年間（公元一一〇〇年至一一二〇年）。塔爲八角實心，十三層，高五七·八米，是遼代密檐式磚塔代表作。塔身浮雕金剛力士菩薩、雲龍等，形象生動逼真。（引自《北京古刹名寺》，中國世界語出版社）

一二一　天寧寺塔塔身雕刻

一二二　崇興寺雙塔

崇興寺雙塔位于遼寧北鎮，是遼、金雙塔中最爲完整雄偉的實例。二塔東、西對峙相距四十三米，均爲八角十三層密檐式磚塔。東塔高四三·八五米，西塔高四二·六三米。塔座上有磚雕斗栱、欄杆和仰蓮。須彌座束腰各隅雕力士承托，生動有力。第一層塔身各面正中磚砌拱形佛龕，内雕坐佛。龕外兩旁立菩薩各一軀。塔檐下施磚刻斗栱。以上各層均用磚疊澀出檐。塔刹的蓮座、寶瓶、刹杆、寶珠等保存完整。（引自羅哲文著《中國古塔》）

一二三　雲居寺北塔

雲居寺位于北京西南郊七十五公里的石經山西麓，因藏有歷經千年刻就的石經而聞名于世。佛寺北塔建于遼天慶年間（公元一一一一年至一一二〇年），是八角兩層磚塔，塔高三十米。其下部爲樓閣式，上部爲覆鉢式，兩種形式結合，造型奇特。（曹揚攝）

一二四　天寧寺凌霄塔

天寧寺位于河北正定縣城內，始建于唐代，金皇統元年（公元一一四八年）重建。寺內凌霄塔爲宋代磚木結構，八角九層，高四十一米，屬樓閣式古塔。塔內正中設中心柱承重，各層樓面均以自中心柱向四周呈放射狀的横梁支撑。該塔是北方現存采用唐代形制建造的磚木結構樓閣式塔的重要實例。

一二五　圓覺寺塔

圓覺寺塔位于山西渾源城內，始建于金正隆三年（公元一一五八年）。平面呈八角形，塔身共九層，通高三十餘米，爲金代密檐式磚塔的典型作品。

一二六　廣惠寺華塔

廣惠寺華塔又稱多寶塔，位于河北正定縣城內。廣惠寺始建于唐代貞元年間，今存華塔爲金代實物。塔高四〇・五米，造型獨特，結構富于變化。因塔身第三層以上八面八角的垂綫有龍虎豹獅象及佛像等壁塑，形如花束，被稱之爲華塔，屬于中國古塔中的一種特有類型。

一二七　鳳凰山雲接寺塔

鳳凰山雲接寺塔位于遼寧朝陽，建于遼代。塔爲方形十三層密檐式磚塔，係遼、金密檐塔特殊形制的罕見實例。（引自羅哲文著《中國古塔》）

一二八　萬佛堂華塔

萬佛堂華塔位于北京房山雲蒙山麓，建于遼代。塔平面爲八角形，單層磚構，因塔刹形若花束而得名。塔身各面拱門與直欞窗磚刻相間，唯南面闢有門洞。塔身浮雕細膩。塔基爲仿木平座與須彌座，具有遼塔典型形制。（曹揚攝）

一二九　遼陽白塔

遼陽白塔又稱垂慶寺塔，位于遼寧遼陽市區，爲金大定二九年（公元一一八九年）所建。塔平面呈八角形，建于高大的塔基上。塔身施密檐十三層，通高四十餘米，屬典型的遼金密檐式磚塔。

一三〇　昌黎影塔

昌黎影塔位于河北昌黎縣城內，八角十三層，通高三十米，爲遼、金典型密檐塔。此塔突出特點是第一層塔身雕飾題材不用佛教內容，而采用重樓城闕、飛廊閣道的天宮樓閣圖案，構思與一般密檐塔迥异。（引自羅哲文著《中國古塔》）

一三一　廣化寺大雄寶殿

廣化寺位于北京城區，始建于元代。大雄寶殿爲主體建築，面闊五間，重檐歇山頂，軒敞宏闊。

一三二　趙州柏林寺塔

柏林寺塔位于河北趙縣（原趙州）城內，建于元代天曆三年（公元一三三〇年），爲八角七層密檐式磚塔，通高四十米左右。塔下部磚砌須彌座，雕飾極爲富麗，形象生動。第一層塔身高大，用磚刻出門窗、柱子、額枋和斗栱。柏林寺塔以斗栱雄大，出檐深遠，雕飾豐富爲特色，是元塔中的杰出作品。

一三三　龍泉寺大殿

龍泉寺位于山西太原市西南二十三公里的太山南麓，始建于唐景雲元年（公元七一〇年），明洪武十四年（公元一三八一年）重修。佛寺依山勢沿中軸綫建有山門、鐘鼓樓、配殿、大雄寶殿、蓮花洞、八角亭等。大雄寶殿爲重樓單檐歇山頂。

一三四　崇善寺大悲殿

崇善寺位于山西太原市內，大悲殿建于明洪武十四年（公元一三八一年），爲崇善寺僅存殿堂建築。面闊七間，重檐歇山屋頂，綠琉璃瓦剪邊。屋面坡度平緩，出檐深遠，四翼如飛。殿堂正面裝飾有雕刻精緻的格扇門窗。大殿仍保持宋、元建築風韵。

一三五　崇善寺明代布局圖

崇善寺現存明成化十八年（公元一四八二年）寺院布局總圖，真實地表現了崇善寺原貌。崇善寺的布局是中國古代大型建築平面的典型形式之一，爲官署式佛寺，規模恢宏，布局嚴謹。其廊院形制、工字形主殿、東西朵殿及周圍廊、重檐九間大殿及白石基等建築處理均與宮殿建築極爲相似。（引自李玉明主編《山西古建築通覽》）

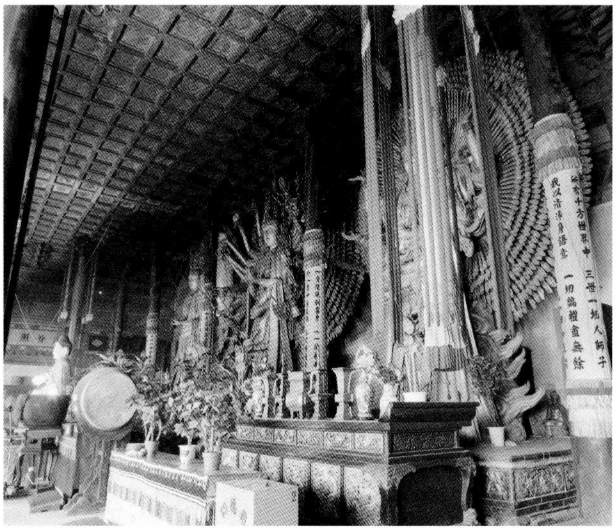

一三六　崇善寺大悲殿内部空間與裝飾

一三七　戒臺寺

戒臺寺位于北京門頭溝馬鞍山，始建于唐武德五年（公元六二二年），初名慧聚寺。遼代咸雍六年（公元一〇七〇年）新建戒壇，明正統六年（公元一四四一年）重建戒壇、戒臺殿，形成現存寺院格局，且以『天下第一壇』及形態各异的古松而著稱。（引自《北京風景》，中國旅游出版社）

一三八　戒臺寺山門前石碑及石獅（一、二）

一三九　戒臺寺戒臺殿

戒臺殿是戒臺寺的重要建築，也稱選佛場。大殿爲重檐盝頂與四角攢尖頂結合的木構建築，平面呈正方形，屋頂上下檐建迴廊環繞。殿高二十餘米，面積六百多平方米。殿頂置五米高鎏金銅鑄寶瓶與正方形盝頂對應，寓意『天圓地方』，殿內藻井也呈上圓下方造型，雕飾極爲華麗。

一四〇　戒臺殿內部空間

戒臺殿內戒壇爲明代遺物，是中國現存戒壇中最大的一座。漢白玉砌築，高約五米，共三級。最上層設蓮花寶座和釋迦牟尼坐像，并擺有明代雕花沉香木椅十把，是當年受戒時傳戒師和証人僧的座位。戒壇四周神龕內有百餘尊神態威武的戒神。殿堂正中采用藻井增加室內空間高度，突出主尊佛像，其上雕鎸華麗精美，與金身佛像相映成輝。（引自《北京古刹名寺》，中國世界語出版社）

一四一　戒臺殿銅香爐

戒臺殿前銅鼎鑄造于明萬曆二七年（公元一五九九年），高二米有餘，造型精巧，工藝細緻。

一四二　戒臺寺觀音殿月臺欄柱柱頂形態各异的石獅（一、二、三、四）

一四三　戒臺寺大雄寶殿門額上懸乾隆皇帝手書『蓮界香林』鎏金雕龍橫匾

一四四　智化寺萬佛閣

智化寺位于北京東城區，始建于明正統八年（公元一四四三年），由宦官王振修建。寺中主要建築萬佛閣，面闊三間，分上下兩層，重檐廡殿頂。樓閣內上下壁遍飾佛龕，供佛約萬尊，故而謂之萬佛閣。又因樓閣下層主尊如來佛，也稱如來殿。（曹揚攝）

一四五　廣勝寺飛虹塔

廣勝寺位于山西洪洞東北十七公里的霍山南麓，始建于東漢建和元年（公元一四六年），現存多爲元、明木構建築，并分上、下兩寺。其上寺置于山巔，沿軸綫將飛虹塔布局在山門與殿之間，爲現存佛教建築所罕見。飛虹塔建于明嘉靖六年（公元一五二七年），磚砌塔身，外鑲紅、橙、黃、綠、青、藍、紫七色琉璃型磚，故又有七彩琉璃塔之稱。塔呈錐形，八角十三層，高四七·三一米。塔身中空，有梯道可登十層。其外觀層層收進，端莊秀麗。外壁的門楣、倚柱、佛龕、斗栱、佛像、力士、花卉、龍獸等均用琉璃型磚鑲砌而成，一層一組圖案，形式多樣，在藍天白雲映襯下，色彩絢麗，泛光流霞，猶如雨後彩虹。飛虹塔屬中國古代琉璃寶塔之珍品。

一四六　飛虹塔琉璃飾物細部

塔檐下的斗栱、壁柱、雀替、勾欄及佛、菩薩、力士、團龍、蓮花等琉璃飾物極爲精緻華美，使飛虹塔愈顯富麗。

一四七　飛虹塔入口門楣琉璃裝飾

飛虹塔一層塔身入口門楣以天宮樓閣與極富動感的團龍琉璃飾物裝點，使塔尤顯華貴俏麗。

一四八　廣勝寺上寺彌陀殿梁架與佛像

彌陀殿位于飛虹塔後中軸綫上，係明嘉靖十一年（公元一五二三年）重建。殿内采用減柱法，僅在兩次間中綫上建前後四根金柱，省去其他八根金柱，木構梁架前後檐和兩山面均采用奇特的斜梁建造，使殿堂上部構成高大開敞的空間，以便供奉形體偉岸的佛像。

一四九　廣勝寺上寺毗盧殿

毗盧殿是廣勝寺上寺最後一座大殿，也稱天中天殿，始建于東漢建和元年（公元一四七年），元至大二年（公元一三〇九年）重建。面闊五間，進深四間，單檐五脊廡殿頂，爲綠色琉璃瓦剪邊和彩色琉璃脊獸。木構件也采用減柱、移柱和斜梁的形制。

一五〇　毗盧殿琉璃脊獸

一五一　毗盧殿明間格扇欞花（一、二）

門格扇以圓形相交的花紋構成，雕鏤精美華麗，凹凸明顯，光影效果極佳。

一五二　懸空寺

懸空寺位于山西渾源東南五公里恒山之麓，始建于金代，後于明代重修。寺院建築沿懸崖安梁架屋，釘椽鋪瓦，殿宇間以棧道相通，造成層樓連接，相互依傍，仙山樓閣凌空而立之勢，極其雄偉壯觀。

一五三　普救寺

普救寺位于山西永濟西北十餘公里處的黄河東岸山麓，始建于唐代，因《西厢記》而蜚聲中外。佛寺坐落在山巔，沿南北向中軸綫布局，規模宏大。佛寺現存殿堂建築均爲原址復建，保留唐代風格，僅鶯鶯塔仍係明代遺構。

一五四　普救寺鶯鶯塔

鶯鶯塔始建于唐代，明嘉靖三九年（公元一五六〇年）重建。塔平面呈方形，爲十三層樓閣式塔，形如方錐，仍保留唐代方形密檐式磚塔的風格。塔身通高約五十米，七層以下明顯收分，七層以上檐層的距離減少。塔檐疊澀挑出部分平直，并無内凹反曲，從而造成特殊的回聲效果。于塔下擊石，可聞蛙鳴的奇妙聲效。

一五五　鶯鶯塔塔檐細部

一五六　代縣天臺寺朝圓洞

天臺寺也稱趙杲觀，位于山西代縣南二十公里處的天臺山，始建于北魏，明萬曆年間重修。佛寺建築多攀山就勢而建，其朝圓洞建造于懸崖上的天然石縫，五層樓閣斜倚洞窟成寶塔狀，形成閣崖交融、渾然一體的景觀，造型奇特巧妙。

一五七　崇安寺

崇安寺位于山西陵川縣城内，地勢高爽，規模宏大。初建于明代，後經重修。寺院重點建築爲山門和兩側鐘鼓樓，且將天王殿置于山門之上，組合成高大巍峨的建築，與鐘樓相配合，雄踞高地，异常壯觀。這種構思改變了傳統佛教寺院將重點建築加大體量建在中軸綫最後部位的做法，獨具匠心。

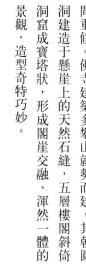

一五八　雙林寺

雙林寺原名中都寺，位于山西平遥縣城西六公里處，始建于北魏時期。現存建築大多爲明清所建。寺内集萃了宋、元、明、清的彩塑，均係中國雕塑藝術的精品。其中最具特色的是以百分之七十以上的懸吊彩塑烘托殿宇的宗教氣氛，造型生動，精細入微，具有極高的藝術鑒賞價值。

一五九　雙林寺天王殿

天王殿是進入拱形山門後的第一殿，建築布局别具一格。殿堂面闊五間，懸山屋頂，前檐設柱廊，將四大護法金剛塑于檐廊下，雄健威武，氣宇軒昂。殿内四大天王設置也一反常規，不在兩側山牆處相對塑造，而在殿門兩旁呈倒坐狀雕塑。

一六〇　雙林寺天王殿金剛

天王殿金剛爲元代塑像，神態威猛，栩栩如生。塑像以木爲骨，采用當地紅膠泥雕塑，并飾以彩色礦物顔料，鑲嵌黑色琉璃爲目，光澤閃爍，炯炯有神。

一六一　雙林寺釋迦殿彩塑

釋迦殿主尊佛祖釋迦牟尼。殿內環繞主像以彩色高浮雕、圓雕和懸塑的藝術手法，描繪了古印度迦毗羅衛國淨飯王太子悉達多·喬達摩歷盡艱難修行成佛陀的佛教故事。

一六二　雙林寺菩薩殿千手觀音像

菩薩殿內千手觀音像爲明代坐像泥塑，塑像造型豐滿圓潤，端莊典雅，身體比例适中，手臂配置自然。至今面容光澤尤存，紅唇微閉，二目傳神。

一六三　雙林寺千佛殿自在觀音像

雙林寺千佛殿主尊觀音菩薩像。觀音菩薩像坦胸而坐，儀態雍容，表情慈祥，一足自然下垂，一足抬起輕踏蓮花寶座，左臂支撑身體，右臂搭在右膝之上，手指和脚指微微翹起，神態悠閑自得，極富情趣，俗稱自在觀音。雕塑造型突破了佛教造像結跏趺坐與緊衣束帶的固有程式，更貼近世俗生活，爲世人所鍾愛。塑像飾以礦物顏料，雖經數百年，仍艷麗如初。

一六四　雙林寺千佛殿韋陀像

在佛教寺院中，韋陀作爲護法金剛通常置于天王殿背面，面對舍利塔和大雄寶殿。雙林寺裏却將韋陀像塑于千佛殿自在觀音右側。其形象宛若中國古代武將，頂頭盔，著鎧甲，怒目圓睜，兩臂伸張，身如拉滿的彎弓，似一觸即發，極富動感和力度。

一六五　雙林寺羅漢堂宋塑啞羅漢像

啞羅漢像是雙林寺羅漢堂内宋塑十八羅漢朝觀音中的一尊泥塑，身著印度服飾，結跏趺坐，怒目斜視，口唇緊閉，胸腹微鼓，栩栩如生地表現出啞羅漢面對世間不平事有口難言的忿滿神情。

一六六　臥佛寺大雄寶殿

臥佛寺位于北京西郊壽安山南麓，距城二十公里，始建于唐貞觀年間（公元六二七年至六四九年）。大雄寶殿爲明清時重建。面闊五間，進深三間，單檐歇山屋頂，綠琉璃瓦屋面，黄琉璃瓦剪邊。

一六七　卧佛寺釋迦牟尼佛像

卧佛寺大雄寶殿內供有元代至治元年（公元一三二一年）鑄造的銅卧佛一尊，重五十四噸，長五米有餘，右手支撐頭部，左臂直伸，表現了釋迦牟尼涅槃于娑羅樹下，向十二弟子囑咐後事的情景。（引自《北京風景》，中國旅游出版社）

一六八　大鐘寺鐘樓

大鐘寺位于北京海淀區，初名覺生寺，建于清雍正十一年（公元一七三三年）。因安置明永樂大鐘，故更名大鐘寺。鐘樓爲其主要建築，形制頗具特色。面闊、進深各三間，取『天圓地方』之意，將樓閣一層平面做成方形，二層建作圓形。一層外檐正中題有『華嚴覺海』匾額。

一六九　大鐘寺明永樂大鐘

永樂大鐘爲大鐘寺的佛鐘，屬佛教寺院超度衆生、消禍祛灾的法器，鑄于明永樂年間。大鐘高六·七五米，鐘口最大直徑三·三米，鐘唇厚一八·五厘米，重四六·三噸，堪稱中國古鐘之最。鐘上刻有八部漢文經典，銘文二十三萬字，遍布鐘體內外，傳爲明初書法家沈度所書。大鐘造型古樸凝重，雄渾奇偉，因其結構科學、音響悅耳，被譽爲罕見藝術珍品。

一七〇　真覺寺金剛寶座塔（五塔寺塔）

真覺寺金剛寶座塔又稱五塔寺塔，位于北京市海淀區。明成化九年（公元一四七三年）建成，用磚和青白石砌築，外觀分爲寶座與五塔兩部分。寶座平面爲長方形，南北長一八·六米，東西寬一五·七三米，高七·七米，分爲五層，每層挑出短檐，四周刻佛龕，龕内刻坐佛一尊。寶座頂部用青白石砌成五座方形密檐式小塔。中央一塔有十三層，高約八米。四角各塔均有十一層，高約七米。五塔下面均有須彌座，檐下四周刻有佛龕及佛像，塔頂由仰蓮、相輪、華蓋、寶珠等組成塔刹。五塔四周繞以高〇·六六米，厚〇·二二米的石欄杆。此塔是仿印度佛陀迦耶寺塔的形式而建，是中國現存最大的金剛寶座塔。（引自《北京古刹名寺》，中國世界語出版社）

一七一　碧雲寺大雄寶殿

碧雲寺大雄寶殿位于北京西山。

一七二　碧雲寺大雄寶殿横額

大雄寶殿爲明代所建，面闊三間，廡殿頂，外檐正中懸有長方形匾額，由清乾隆皇帝御筆親題『能仁寂照』四字。

一七三　碧雲寺大雄寶殿前香爐

一七四　碧雲寺石碑

位于大雄寶殿月臺兩側。兩座八棱石碑上刻經文，碑頂與基座雕刻精美，與大殿前石橋、池水、銀杏、古柏和白皮松互爲映襯，相得益彰，烘托出聖潔幽深的佛國意境。

一七五　碧雲寺八角碑亭

位于碧雲寺大雄寶殿後院，重檐八角尖，琉璃瓦頂，上下檐均有斗栱裝飾，紅柱紅牆，富麗堂皇。亭内立有乾隆御筆石碑一通。

一七六　碧雲寺羅漢堂內景

碧雲寺羅漢堂建于清乾隆十三年（公元一七四八年）。平面呈『田』字形，堂內佛像共五〇八尊，羅漢坐像高一·五米，千姿百態，各現法象，是清代雕塑藝術的佳品。（引自《北京風景》，中國旅游出版社）

一七七　碧雲寺金剛寶座塔

金剛寶座塔位于碧雲寺中軸綫盡端塔院，是佛寺最高建築物，居高臨下，巍巍壯觀。此塔建于清乾隆十三年（公元一七四八年），高三四·七米，分塔基、寶座、塔身三層。塔座呈正方形，磚石結構，外砌虎皮石，圍以石欄，正面有石級可上。三層以上全部用漢白玉粘接而造。塔座上的五座十三層密檐式方形石塔呈對稱布局，中央置一大塔，四隅各置體量略小的石塔，高低錯落，碧玉生輝，掩映在香山的綠樹叢中。金剛寶座塔造型吸收了印度佛陀迦耶精舍形式，但建築手法和雕刻藝術却突出表現了中國傳統建築風格。（引自《北京風景》，中國旅游出版社）

一七八　碧雲寺金剛寶座塔局部

一七九　碧雲寺金剛寶座密檐塔石雕佛像

一八〇　碧雲寺雕鎸精緻的石牌樓

一八一　福慶寺橋樓殿

福慶寺位于河北井陘東南蒼岩山中，利用山形陡峭及高低落差極大的地勢靈活布置佛寺建築，構思奇妙，頗具匠心。其中佛寺大殿建在兩崖峭壁之間的單孔石橋上，凌空飛架，如天宮浮現，故名橋樓殿。殿堂面闊三間，周圍出廊，單檐歇山綠琉璃瓦頂。造型空透，氣勢非凡，極富藝術感染力。

一八二　橋樓殿近景

一八三　少林寺大雄寶殿

少林寺位于河南登封縣嵩山，其大雄寶殿爲原址重建，面闊五間，進深四間，重檐廡殿頂，綠琉璃瓦屋面。屋身牆體渾厚，略有收分。其正面均做鏤花門窗格扇。大殿坐落在裝有羅漢欄板的高約二米的廓大臺基上，氣勢雄渾宏偉。

一八四　少林寺初祖庵

少林寺初祖庵位于少林寺西北五乳峰下，建于北宋宣和七年（公元一一二五年）。面闊、進深各三間，單檐歇山屋頂。殿堂排列十六根八角形石柱。其內柱做法奇特，將上部木柱插入下部石柱，連爲整體，以承托梁架。殿堂四壁除正面爲木構門窗格扇外，餘皆在下部石砌牆體上鎸刻有生動精美的吉祥圖案，與石柱雕刻相互映襯成趣，裝飾效果極佳。

一八五　少林寺唐法玩塔

一八六　殊象寺

殊象寺位于河北承德避暑山莊，清乾隆三九年（公元一七七四年）仿山西五臺山殊象寺而建，有乾隆家廟之稱。佛寺由山門、天王殿、主殿、寶相閣等建築組成，沿南北向中軸綫對稱布局。殊象寺殿堂莊嚴肅穆，掩映在蒼松翠柏之中。主殿後院運用造園藝術手法，疊石壘山，砌洞架橋，因山勢地貌建迴廊，築石級，并于山巔之上造寶相閣。建築高低錯落，園林別具一格，成爲佛教建築與園林藝術有機結合的典範。（引自《承德避暑山莊及周圍寺廟》，中國畫報出版社）

一八七　扶風法門寺塔

法門寺位于陝西扶風縣北十公里處的崇正鎮，始建于東漢，塔因寺得名。原法門寺塔爲木塔，明萬曆七年（公元一五七九年）重修時改作磚塔。現存磚塔因地宮內藏有世間罕見的釋迦牟尼佛指骨舍利，故以佛祖『真身寶塔』蜚聲中外。法門寺塔平面呈八角形，十三層，高六十餘米，爲樓閣式磚塔。一層塔身外檐磚刻仿木構件，以上各層檐下均刻出額枋、斗栱，采用疊澀出檐。塔刹爲銅覆鉢與寶珠。（引自《古都西安》，中國攝影出版社）

一八八　萬固寺多寶佛塔

萬固寺位于山西永濟西南十餘公里處的中條山北麓，始建于北魏正光三年（公元五二二年），後于明萬曆十四年（公元一五八六年）重建。佛塔爲八角十三層樓閣式磚塔。通高五四·七米。塔基正中設有八角形地宮，內置八尊小型木雕佛像及塔史碑刻。塔身各層均闢四門四窗，相間設置，外檐疊澀出挑。塔刹以八面覆斗形代替相輪和刹頂，造型極爲特殊。

一八九　太原雙塔

雙塔位于山西太原市東郝莊村南土崗上。建于明萬曆年間（公元一五七三年至一六一九年）。二塔均爲樓閣式磚塔，八角十三層，高五四·七米。塔身外部磚刻斗栱、椽枋，塔檐飾琉璃脊獸。塔內均設磚砌樓梯，可供登高遠眺。

一九〇　頤和園琉璃塔

位于北京頤和園後山，建于清乾隆年間，爲樓閣式與密檐式結合而成的琉璃塔。

一九一　海寶塔

海寶塔，又名赫寶塔、黑寶塔，俗稱北塔，位于寧夏銀川市北郊，始建年代已無考。現塔爲清代所建，平面呈方形，磚砌樓閣式建築，共十一層，通高五三·九米。每邊正中設券門，并略向外凸出。塔室方形，塔身空間以板鋪隔，有木梯，可盤旋上登至第九層。塔的外形綫條明朗，層次多變，棱角分明，其獨特的藝術風格，爲我國數千座塔中所僅見。（李錦生攝）

一九二　承天寺塔

承天寺塔位于寧夏銀川西南承天寺內，與海寶塔兩相遥望，又稱西塔，始建于宋皇祐二年，清嘉慶二五年（公元一八二〇年）重建爲八角十一層樓閣式磚塔。塔刹形制與海寶塔相同，爲塔刹之特例。均以綠色琉璃磚砌成桃形四角攢尖頂，無相輪、華蓋、寶珠。（李錦生攝）

一九三　少林寺塔林

少林寺塔林位于河南嵩山少林寺，是中國最大的一處塔林，現有墓塔二百五十多座，建于唐貞元七年（公元七九一年）至清嘉慶八年（公元一八〇三年）間。形制多爲密檐式與亭閣式。塔身一層至七層均有，分四方形、六角形、八角形、圓柱形、瓶形、錐形等，擁有唐、宋、元、明、清各代雕刻及書法藝術。

一九四　銀山塔林

銀山塔林位于北京昌平銀山南麓古延壽寺遺址上，是寺院高僧的墓塔。共有磚塔七座，其中金代五座，元代二座。圖中金塔均爲密檐式，高二十米，須彌座及第一層塔身均有精美雕飾，塔檐向上逐層微減，外觀秀麗挺拔。（曹揚攝）

一九五　青銅峽一百零八塔

位于寧夏青銅峽縣峽口山黄河西岸山坡，建于明代。一百零八座塔按奇數排列成三角形塔群，均爲喇嘛塔形式，覆鉢形塔身置于八角形須彌座上，并以寶珠作爲塔刹。塔群全部用磚砌築而成，外塗白灰，在麗日光環下，撲朔迷離，氣氛尤顯神秘。（李錦生攝）

一九六　一百零八塔局部（李錦生攝）

一九七　童子寺燃燈塔

童子寺燃燈塔是中國現存最古老的燃燈石塔。位于山西太原市西南二十公里的龍山，建于北齊天保七年（公元五五六年）。塔爲石刻，高四．一二米，在平面爲六邊形的基石上刻有圓形燈座，上置六角形燈室。（引自李玉明著《山西古建築通覽》）

一九八　法興寺燃燈塔

法興寺燃燈塔位于山西長子縣慈林山，建于唐大曆八年（公元七七三年），爲現存三個著名燃燈塔之一。塔平面呈六角形。塔身全部石刻，由六邊形石座、蓮花座、燈室、寶頂四部分組成，通高約二米。燃燈塔比例適當，造型豐富，既有四方形、六邊形、八邊形、圓形、橢圓形及海棠形等諸多形體組合，又有精緻的細部變化，反映了中唐時期建築藝術特色。

一九九　法興寺燃燈塔細部

燃燈塔中下部爲蓮花座，由仰蓮、束腰及覆蓮構成。雕刻飽滿華美，風格各异。基座爲六邊形海棠式樣。

二〇〇　敦煌莫高窟

敦煌莫高窟位于甘肅敦煌東南二十五公里的鳴沙山東麓斷崖。沿南北向分布四九二個洞窟，總長一六〇〇米。洞窟高低錯落，鱗次櫛比，爲北魏至元共十個朝代所鑿建。

二〇一　敦煌莫高窟九層樓閣

二〇二　敦煌莫高窟三〇三窟中心塔柱式形制（隋代）

（引自《絲路勝迹——吳健攝影作品選》）

二〇三　敦煌莫高窟四二八窟背屏式形制（北周）

（引自《絲路勝迹——吳健攝影作品選》）

二〇四　敦煌莫高窟二八五窟方形單室形制（西魏）

（引自《絲路勝迹——吳健攝影作品選》）

二〇五　敦煌石窟壁畫（一、二）

（引自《中國美術全集·繪畫編十三·寺觀壁畫》）

二〇六　雲岡石窟

雲岡石窟位于山西大同西十六公里的武周山南麓，是世界聞名的藝術寶庫。石窟依山開鑿，東西綿延一公里。始鑿于北魏興安二年（公元四五三年），現存主要洞窟五十三個，還有許多小窟。共計一千一百多個小龕，大小造像五萬一千餘尊。石窟大佛最高者十七米，最小者僅幾厘米。其中第五、六、九、十、十一、十二、十三窟和五華洞內容豐富多彩，是石窟藝術的精華。

二〇七　雲岡第九、十窟

第九、十窟前廊後室，廊柱聯立，氣魄雄偉。

二〇八　第九窟前室佛龕

二〇九　第十二窟門楣細部雕飾

窟室門楣采用高浮雕手法雕刻出廡殿屋頂與人字栱建築，以及佛像飛天、聯珠等圖案，體現了中國漢民族傳統藝術風格。

二一〇　第十三窟大像窟交脚彌勒菩薩像

二一一　第二十窟大像窟大佛像

二一二　龍門石窟

龍門石窟位于河南洛陽南十三公里的伊河西岸，始鑿于北魏太和十七年（公元四九三年），時值魏文帝遷都洛陽前後，其後歷經東西魏、北齊、隋、唐、北宋四百餘年經營。共有窟龕二千一百多個，造像一萬餘尊。簡潔的窟室、嚴謹的布局和單純的内容構成了龍門石窟的藝術特點。

二一三　龍門石窟西山南部山崖窟室

龍門石窟形制不同于雲崗石窟瑰麗宏偉的外觀和前後窟室變化，也無内容豐富、布局生動的雕刻。其最大特點是窟室簡潔、布局嚴謹、内容單純。

二一四　龍門奉先寺

奉先寺史稱大像龕，位于龍門石窟西山南部山西崖，是龍門石窟群中規模最大的一組群雕，也是龍門石窟的主要標志。奉先寺建于唐代，爲唐高宗和皇后武則天敕建，主尊盧舍那佛是釋迦牟尼的報身像。佛像結跏趺坐于束腰須彌座上，通高一七．一四米，頭高四米，耳高一．九米，面容莊嚴典雅，表情慈祥。主像兩側弟子分别按君臣禮序對稱排列，體現了中國古代禮制規範和倫理觀念對佛教文化的影響。奉先寺十一尊佛像均置于開敞的大龕而不鑿窟、建殿，更有利于展示造像的宏偉壯觀。

二一五　天龍山石窟

天龍山石窟位于山西太原南部的天龍山，共二十一洞窟，最早的第十窟、第十六窟等三個洞窟建于北齊，其餘皆爲隋唐所建。洞窟石刻在建築藝術上具有兩個顯著特點：其一，表現内容融合了中原民族文化；其二，表現形式由早期程式化綫形雕刻發展爲立體感强的圓浮雕手法。

二一六　天龍山石窟第十窟

二一七　天龍山石窟第十六窟

天龍山十六窟完成于北齊皇建元年（公元五六〇年），爲典型石窟寺形制。面闊三間，窟前雕鑿柱廊，窟門上雕火焰券，兩側各有一尊立式佛像。列柱柱礎雕有蓮瓣，柱身修長，有顯著收分。柱上櫨頭、闌額、人字栱與柱頭捲刹，均與漢末崖墓前廊的斗栱和裝飾處理手法相似，佛教石窟漢化程度相當完善。

二一八　濟南千佛山極樂洞石窟

濟南千佛山石窟鑿建于隋開皇年間（公元五八一年至六〇〇年），山因千佛像窟而得名。現尚有一〇四座石窟，以極樂洞石窟最爲著名。

中國美術分類全集

中國建築藝術全集

第12卷 佛教建築（一）北方

圖書在版編目（CIP）數據

中國建築藝術全集(12)佛教建築（一）（北方）/曹昌智主編.—北京：中國建築工業出版社，2000
（中國美術分類全集）
ISBN 7-112-04304-2
I.中… Ⅱ.曹… Ⅲ.古建築-佛教建築-建築藝術-中國-圖集 Ⅳ.TU-986.5
中國版本圖書館CIP數據核字(2000)第10383號

中國建築藝術全集編輯委員會 編
本卷主編 曹昌智
出版者 中國建築工業出版社（北京百萬莊）
責任編輯 王玉容
總體設計 雲 鶴
本卷設計 顧咏梅
印製總監 楊一貴
製版者 北京利豐雅高長城製版中心
印刷者 利豐雅高印刷（深圳）有限公司
發行者 中國建築工業出版社
二〇〇〇年十二月 第一版 第一次印刷
書號 ISBN 7-112-04304-2/TU·3725(9043)
國内版定價三五〇圓